U0270571

环球水源研究联盟
澳大利亚水质研究中心

有毒蓝藻管理国际指导手册

〔澳〕G. 纽科姆　主编

裴海燕　译

科学出版社
北京

图字：01-2018-6599 号

内 容 简 介

本指导手册详细介绍了蓝藻的生长繁殖、行为特点及蓝藻毒素的释放规律，阐述了水源地蓝藻的危害识别和风险评估方法，提供了符合世界卫生组织水安全管理的蓝藻监测方案和风险管理策略，总结了水源地和水处理工艺过程中蓝藻的管理和控制措施，并运用表格和流程图的形式详细讲解了饮用水风险管理预警预案的制定及实施框架，最后本手册还介绍了娱乐用水体与蓝藻相关的健康风险管理措施。

本指导手册可为我国环保、水利、市政工程等部门从事相关工作的人员提供有益的指导或借鉴，也可供从事有毒蓝藻相关研究的科研工作者及高校微生物、生态、环境等专业的师生参考。

图书在版编目（CIP）数据

有毒蓝藻管理国际指导手册/(澳)盖尔·纽科姆(Gayle Newcombe)主编；裴海燕译. —北京：科学出版社，2018.10

书名原文：International Guidance Manual for the Management of Toxic Cyanobacteria

SBN 978-7-03-058966-8

Ⅰ. ①有… Ⅱ. ①盖… ②裴… Ⅲ. ①蓝藻纲–藻类水华–防治–手册 Ⅳ. ①X52-62

中国版本图书馆 CIP 数据核字(2018)第 223005 号

责任编辑：李 迪 田明霞 / 责任校对：彭 涛
责任印制：张 伟 / 封面设计：北京图阅盛世文化传媒股份公司

科学出版社 出版
北京东黄城根北街 16 号
邮政编码：100717
http://www.sciencep.com

北京虎彩文化传播有限公司 印刷
科学出版社发行 各地新华书店经销
*
2018 年 10 月第 一 版 开本：720×1000 1/16
2019 年 1 月第二次印刷 印张：7 1/4
字数：146 000
定价：98.00 元
(如有印装质量问题，我社负责调换)

International Guidance Manual for the Management of Toxic Cyanobacteria

Global Water
Research Coalition

Edited by: Dr Gayle Newcombe
(SA Water Corporation)

Global Water Research Coalition
Alliance House
12 Caxton Street
London SW1H 0QS
United Kingdom
Phone: + 44 207 654 5545
www.globalwaterresearchcoalition.net

免责声明

此项研究工作由环球水源研究联盟的成员共同资助。环球水源研究联盟及其成员不对出版物中的研究内容和观点负责。出版物中所涉及的产品并不代表被环球水源研究联盟及其成员认可。本书仅供参考。

译 者 序

蓝藻水华防控属全球重大环境问题，也是我国水环境面临的巨大挑战。蓝藻水华不仅会危害水体自身的生态结构和功能，更为严重的是蓝藻产生大量的蓝藻毒素，具有较高的致癌性，威胁人们的饮水健康。国际上（尤其是澳大利亚等国家）针对蓝藻水华的发生及其防控已进行了广泛而深入的研究，为了便于水源地和饮用水生产管理者和运行者使用，澳大利亚率先将这些丰富的科研成果整理成了实用性强、易使用的手册，之后南非和欧洲也出现了有毒蓝藻指导手册。2009年，澳大利亚南澳水务集团的 Gayle Newcombe 博士主笔将这 3 本地方性指导手册整合成了一本在全球范围内具有广泛应用性的国际指导手册。

然而，时至今日，我国还鲜见关于有毒蓝藻管理的手册。译者长期从事有关蓝藻水华预警防控方面的教学和科研工作，与澳大利亚同行多有交流，深感这本手册对于规范蓝藻取样、蓝藻水华预警防控等具有很好的指导作用，基于此，译者决定翻译这本手册。本手册详细介绍了蓝藻和蓝藻毒素的种类及其危害，阐述了含蓝藻水源的危害识别和风险评估方法，总结了蓝藻和蓝藻毒素的处理方法及应急预案。本手册将会给我国环保、水利、市政工程等部门从事相关工作的人员提供借鉴，此外，本手册无论对高校微生物、生态、环境等专业的教师和学生，还是对从事有毒蓝藻相关研究的科研工作者来说，都是一本十分难得的专业读物。

感谢环球水源研究联盟为在全球范围内实现更好的蓝藻管理，同意译者将 *International Guidance Manual for the Management of Toxic Cyanobacteria* 翻译成中文。环球水源研究联盟感谢参与编写本手册的所有组织及其所做的出色贡献，尤其是澳大利亚南澳水务集团的 Gayle Newcombe 博士，她主导了整个项目并编辑了手册。为项目开展和手册编辑提供财政支持的单位包括：环球水源研究联盟的成员——澳大利亚水研究中心（原澳大利亚水质与水处理合作研究中心）、南非水研究委员会、美国水研究基金会，以及环球水源研究联盟的合作伙伴——美国国家环境保护局和美国疾病预防控制中心。

感谢国务院南水北调工程建设委员会办公室政策及技术研究中心资助译者及其课题组对南水北调东线湖泊蓝藻水华防控开展研究，让译者及其课题组在蓝藻生态学及生物学方面有了深入的了解，对本书的翻译起到了积极的推动作用。

感谢课题组任颖博士、韦洁琳博士、金岩博士、徐杭州博士、李红敏硕士、孙炯明硕士、张莎莎硕士等在本书翻译过程中所做的贡献。

裴海燕

2018 年 7 月 6 日于山东大学

前　言

　　蓝藻，也称为蓝绿藻，是一类原始的生物体。根据化石所记载的信息推测，蓝藻已存在了约 35 亿年。蓝藻能够有效利用多种环境资源，包括海洋资源和淡水资源。

　　蓝藻在供水系统中会导致诸多问题，这已经在全球范围内引起水资源权威部门的广泛关注。其中最值得关注的是蓝藻的代谢产物及有气味的化合物，尤其是 2-甲基异冰片、土嗅素和一系列像藻毒素、微囊藻毒素这样的有毒化合物。首次关于蓝藻致人死亡的案例发生在 1878 年的澳大利亚，自此人们认为使用含藻毒素的饮用水会对饮用者的身体健康造成一系列危害。因此，在供水和水处理过程中的蓝藻控制管理成为水行业持续关注的研究热点，在这几十年间发表了数百篇关于这一主题的期刊论文、报告和实况报道。几年前，原澳大利亚水质与水处理合作研究中心（现澳大利亚水研究中心）实施了一项研究项目，将这些丰富的知识整合成一本实用性强、易使用的手册。澳大利亚的水质管理者和运行者可以使用这本手册来帮助他们管理水源中的蓝藻。之后的几年中，南非和欧洲也出现了类似的手册。

　　蓝藻和蓝藻毒素的管理工作，是环球水源研究联盟优先研究的问题。2007 年，环球水源研究联盟的专家在南非举行了一场研讨会，这 3 本地方性指导手册的撰写人都参加了会议，会议期望结合他们的知识和专业技能来出版一本国际指导手册。本手册结合了 3 本地方性手册中最重要的内容，使其在全球范围内具有广泛的应用性。

手册的指导范围

　　国际指导手册所包含的信息能够：了解蓝藻及其产生的毒素的危害；评估特定水源发生蓝藻水华的风险；提供符合世界卫生组织水安全管理的蓝藻监测方案及风险管理策略；优化水源地和水处理厂的管理程序，以减少饮用水中有毒化合物所带来的风险。

　　希望这本指导手册中的信息能够为大多数想要更深入了解这一重要主题的读者提供帮助。

环球水源研究联盟

环球水源研究联盟（Global Water Research Coalition，GWRC）是一个进行水研究交流合作的非营利性组织，能为其成员提供水研究的相关知识和信息，致力于水源供给、废水问题及水资源的再生——城市水循环等方面的研究。环球水源研究联盟于 2002 年 4 月正式成立并签署了合作协议，于 2003 年 7 月与美国国家环境保护局签署了合作协议。环球水源研究联盟隶属于国际水协会（International Water Association，IWA）。

环球水源研究联盟的成员包括：

- □ Anjou Recherche——威立雅水处理研究中心（法国）
- □ EAWAG——瑞士联邦水科学技术协会
- □ KWR——水循环研究协会（荷兰）
- □ PUB——新加坡国家饮用水局
- □ SUEZ Environmental-CIRSEE——国际水环境研究中心（法国）
- □ Stowa——水管理应用研究基金会（荷兰）
- □ TZW——德国水务协会饮用水技术研究中心
- □ UKWIR——英国水工业研究中心水环境研究基金会（美国）
- □ WQRA——澳大利亚水质研究中心
- □ WRC——水研究委员会（南非）
- □ 水研究基金会（美国）
- □ 水资源再利用基金会（美国）
- □ WSAA——澳大利亚水务协会

这些组织都拥有国家级的研究项目，并致力于解决水循环不同方面的问题。他们为环球水源研究联盟提供了推动力、公信力及资金支持。每个成员都为环球水源研究联盟带来了独一无二的知识和技能。通过它的成员组织，环球水源研究联盟代表了 5 亿消费者的利益和需求。

致　谢

环球水源研究联盟感谢澳大利亚水质研究中心能够担任此项目的领导工作，也对所有成员的重要贡献表示感谢。提供资金支持的环球水源研究联盟成员有：水质处理协会（澳大利亚）、水研究委员会（南非）、水研究基金会（美国），以及我们的合作组织——美国国家环境保护局和美国疾病预防控制中心，对以上组织表示由衷的感谢。

对此项目的统筹者及本书的作者 Dr Gayle Newcombe（澳大利亚南澳水务集团）表示真挚的谢意。她的坚持不懈和专业技能促使这项工作圆满完成。

此项目的统筹者及本书的作者要特别感谢本书的评审员，感谢他们在十分紧迫的时间内完成了对本书内容全面而细致的评审。同时还要感谢为本书内容做出贡献的以下人员和团体。

评　审　员

Werner Mobius——澳大利亚南澳水务集团

Thorsten Mosisch——澳大利亚南澳水务集团

Geoff Kilmore——澳大利亚南澳水务集团

Annelie Lourens——澳大利亚南澳水务集团

Dennis Steffensen——澳大利亚南澳水务集团

Peter Baker——澳大利亚南澳水务集团

Frans Schulting——环球水源研究联盟

Mike Holmes——澳大利亚国际水务联盟

Wido Schmidt——德国水务协会饮用水技术研究中心

Gesche Gruetzmacher——德国柏林水务中心

Nick Dugan——美国国家环境保护局

Alice Fulmer——美国水研究基金会

Sue Allcock——英国水环纯水务集团

工程指导委员会成员

Dennis Steffensen——澳大利亚南澳水务集团

Lorrie Backer——美国疾病预防控制中心

Fred Hauchman——美国国家环境保护局

Alice Fulmer——美国水研究基金会

Stephanie Rinck-Pfeiffer——澳大利亚国际水务联盟

Wido Schmidt——德国水务协会饮用水技术研究中心

Frans Schulting——环球水源研究联盟

编 著 者

Gayle Newcombe（作者）——澳大利亚水质研究中心

Bill Harding——南非 DH 环境咨询有限公司

Nick Dugan——美国国家环境保护局

Gesche Gruetzmacher——德国柏林水务中心

Tom Hall——英国水研究委员会

Hein du Preez——南非兰德水务集团

Annalie Swanepoel——南非兰德水务集团

Sue Allcock——英国水环纯水务集团

Carin van Ginkel——南非水资源与环境事务部

Annatjie Moolman——南非水研究委员会

Mike Burch——澳大利亚水质研究中心

Lionel Ho——澳大利亚水质研究中心

Jenny House——澳大利亚水质研究中心

Justin Brookes——澳大利亚阿德莱德大学

Peter Baker——澳大利亚水质研究中心

Brenton Nicholson——澳大利亚水质研究中心

团体组织

GWRC——环球水源研究联盟

WQRA, Australia——澳大利亚水质研究中心

SA Water, Australia——澳大利亚南澳水务集团

United Water International, Australia——澳大利亚国际水务联盟

University of Adelaide, Australia——澳大利亚阿德莱德大学

US Environmental Protection Agency, USA——美国国家环境保护局

Centre for Disease Control, USA——美国疾病预防控制中心

Water Research Foundation, USA——美国水研究基金会

DH Environmental Consulting, South Africa——南非 DH 环境咨询有限公司

WRC, South Africa——南非水研究委员会

Rand Water, South Africa——南非兰德水务集团

WRc, United Kingdom——英国水研究委员会

Severn Trent Water, United Kingdom——英国水环纯水务集团

UKWIR, United Kingdom——英国水工业研究中心

KompetenzZentrum Wasser Berlin gGmbH, Germany——德国柏林水务中心

Veolia Water, France——法国威立雅水处理研究中心

TZW, Germany——德国水务协会饮用水技术研究中心

指导手册中用到的文件

Du Preez H.H. and Van Baalen L. (2006) Generic Management Framework for toxic blue-green algal blooms, for application by potable water suppliers. WRC Report No: TT 263/06, Water Research Commission, Pretoria, South Africa.

Du Preez H.H., Swanepoel A., Van Baalen L and Oldewage A. (2007) Cyanobacterial Incident Management Frameworks (CIMFs) for application by drinking water supplier. *Water SA* 33(5).

http://www.wrc.org.za/

Newcombe G, House J, Ho L, Baker P and Burch M. (2009) Management Strategies for Cyanobacteria (Blue-Green Algae) and their Toxins: A Guide for Water Utilities. Research Report No 74, CRC for Water Quality and Treatment. http://www.wqra.com.au/WQRA publications.htm

Chorus I and Bartram J, (eds.), (1999) Toxic Cyanobacteria in Water: A Guide to their Public Health Consequences, Monitoring and Management. E and FN Spon, London, UK.

Burch, M.D., Harvey, F.L., Baker, P.D. and Jones, G., (2003) National Protocol for the Monitoring of Cyanobacteria and their Toxins in Surface Fresh Waters. ARMCANZ National Algal Management. Draft V6.0 for consideration LWBC, June 2003.

Brookes, J., Burch, M., Hipsey, M., Linden, L., Antenucci, J., Steffensen, D., Hobson, P., Thorne, O., Lewis, D., Rinck-Pfeiffer, S., Kaeding, U., Ramussen, P. (2008). A Practical Guide to Reservoir Management. Research Report No 67, CRC for Water Quality and Treatment. http://www.waterquality.crc.org.au/publications/report67 Practical Guide Reservoir Management.pdf

Brookes J, Burch MD, Lewis D, Regel RH, Linden L and Sherman B (2008) Artificial mixing for destratification and control of cyanobacterial growth in reservoirs. Research Report No 59, CRC for Water Quality and Treatment. http://www.waterquality.crc.org.au/publications/report59 artificial mixing destrat.pdf

Best Practice Guidance for Management of Cyanotoxins in Water Supplies. EU project "Barriers against cyanotoxins in drinking water" ("TOXIC" EVK1-CT-2002-00107)

目　　录

第 1 章 简　介

1.1 蓝　藻

　　蓝藻，也称作蓝绿藻、蓝绿细菌或者蓝细菌，是一类原始的生物体，根据化石所记载的信息推测，其已经存在了约 35 亿年[1,2]。它们并不是真正的藻类，而是含有叶绿素、能够进行光合作用的革兰氏阴性菌。许多蓝藻细胞中因含有藻青蛋白色素而呈现典型的蓝绿色，因此被称为蓝绿藻。此外，也有一些蓝藻由于含有类胡萝卜素和藻红蛋白色素而呈现红色[3]。

　　蓝藻在细胞形态上具有多样性。单细胞蓝藻呈球形、卵形或者圆柱形，它们能以单细胞的形态存在或者聚集成不规则的群落。群落在生长过程中能够分泌一种黏滑的物质，使得蓝藻细胞之间紧密相连。一些蓝藻细胞能够聚集成规则的群落或者丝状体（也称为毛状体），毛状体可以是直丝状的，也可以是螺旋状的（图 1-1）。

　　蓝藻的生长需要水、二氧化碳、无机物（如氮、磷）和光。虽然蓝藻的能量代谢主要是利用太阳光和二氧化碳，通过光合作用来合成高能量的分子并释放氧气，但是也有一些蓝藻能在完全黑暗的条件下生存，还有一些蓝藻是异养型的[6]。一些蓝藻种类也有特殊形态的细胞，称为异形胞（之前称为异形囊胞，但是它们并不是囊胞），这种特殊形态使它们能固定大气中的氮元素。从图 1-1 螺旋状的卷曲鱼腥藻中可以看到蓝藻细胞的异形胞结构。蓝藻几乎能在地球的任何地方生存。从淡水、微咸水到咸水，从雨林到沙漠，甚至在大气、土壤和其他陆生生境中都可以看到蓝藻的存在。蓝藻这种适应性极强的生物也能在干旱及极端气候变化的恶劣环境下生存繁衍。

　　虽然大量的蓝藻能够对饮用水处理过程（如混凝、过滤）产生一系列不利的影响，但是对于供水企业来说，蓝藻最大的危害是其产生的代谢产物，尤其是藻毒素或称蓝藻毒素。

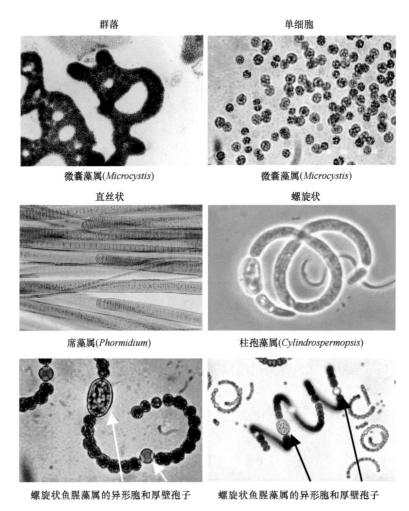

群落　　　　　　　　　　　　单细胞

微囊藻属(*Microcystis*)　　　　　微囊藻属(*Microcystis*)

直丝状　　　　　　　　　　　　螺旋状

席藻属(*Phormidium*)　　　　　柱孢藻属(*Cylindrospermopsis*)

螺旋状鱼腥藻属的异形胞和厚壁孢子　　　螺旋状鱼腥藻属的异形胞和厚壁孢子

图 1-1　蓝藻的几种不同细胞形态（照片来自于 AWQC 和文献[4, 5]）

1.2　影响蓝藻出现的因素

蓝藻是淡水表层水体中的自然组成部分。蓝藻的数量会随着季节的变化而产生巨大的差异，从水体中出现少量蓝藻到出现大量蓝藻，再到造成表面水体的"水华"。蓝藻在水体表面、水体表面下几米处及水体底部的分布具有很大的差别。

1.2.1　蓝藻对水生环境的利用

不同的蓝藻种类在利用水生环境方面表现出不同的行为。许多蓝藻种类（如微囊藻属、鱼腥藻属、束丝藻属）具有气囊，能在光合作用周期的不同阶段，在水体中上下移动。图 1-2 以漫画的形式表示了鱼腥藻属每日的周期性迁移。浮力调节机制能使蓝藻迁移到捕获阳光的最佳深度，以达到最佳的生长状态，这种机制也能使蓝藻充分获得水体中的营养物质[7]。这也是蓝藻相比于其他浮游植物的一个重要优势，尤其是在湍流较小、重量大的细胞容易沉降的分层湖泊中。当水体湍流不大并且有足够的深度时，浮力调节才会有明显的效果。当湖面十分平静时，这种浮力调节机制使蓝藻群落在晚上浮到水体表面，形成我们经常在早上看到的表面浮渣。

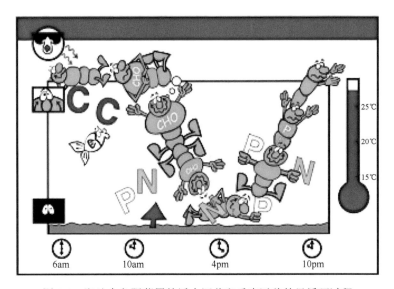

图 1-2　湖泊中鱼腥藻属的浮力调节和垂直迁移的日循环过程

其他蓝藻种类易集中在水体中间区域（在上层温水层与底层较冷的均温层之间的变温层中积聚），如孟氏浮丝藻 [*Planktothrix（Oscillatoria）rubescens*] 和其他红色蓝藻。在一定条件下这些蓝藻可能会形成表面浮渣。有些蓝藻能在水体中均匀分布，如阿氏浮丝藻 [*Planktothrix（Oscillatoria）agardhii*]、来得基丝藻 [*Limnothrix（Oscillatoria）redekei*] 及拉氏拟柱孢藻（*Cylindrospermopsis raciborskii*)。

非浮游蓝藻或底栖蓝藻能够附着在沉积物、岩石及其他物质表面,其所处深度能使它们获得充足的光照来进行光合作用。这些蓝藻能形成一层"厚厚的藻垫",当"藻垫"中光合作用产生的氧气浓度很大时,会使"藻垫"挣脱附着基质并漂浮到水体表面。图 1-1 中直丝状的席藻属(*Phormidium*)蓝藻就是一种底栖蓝藻。

1.2.2 蓝藻的生长周期

对于丝状具异形胞的蓝藻(念珠藻目 Nostocales),其生长周期包括浮游性种群阶段、水底休眠阶段或者厚壁孢子阶段。厚壁孢子是一种常见于底泥中的具有厚壁的生殖结构,常处于生长静止阶段且具有很强的生存能力。它们在环境条件适宜时开始生长并且繁殖下一代,这种情况多发于季节交替的时候[8]。图 1-1 展示了螺旋状鱼腥藻属的厚壁孢子形态。能够产生厚壁孢子的蓝藻的生长周期可总结为以下几步:首先,丝状体通过细胞分裂生长;其次,产生厚壁孢子并释放,通常厚壁孢子可以帮助种群越冬;最后,在光、温度等环境条件的引发下,厚壁孢子开始生长,随着新一代蓝藻细胞的成熟,其进行细胞分裂开始新一轮的生长周期[8,9]。图 1-3 表示鱼腥藻属形成厚壁孢子的周期循环。

图 1-3　以厚壁孢子的形成和萌发来表示鱼腥藻属的典型生长周期

我们并不知道其他丝状蓝藻、单细胞蓝藻及蓝藻群落是否会产生厚壁孢子或其他处于休眠状态的细胞结构。但我们推测一些正常生长或按照规律生长的细胞（称为营养细胞）也许会在沉积物中以一种衰老的状态度过冬季。例如，微囊藻属（*Microcystis*）能够在湖泊沉积物中以形成营养细胞群落的方式"过冬"，它们能在这种几乎没有光照和氧气的条件下存活数年[10]。到了春季，这些越冬休眠的微囊藻开始通过细胞分裂，产生下一代蓝藻细胞。

1.3　影响蓝藻生长的因素

不同种类的蓝藻能各自在一定深度范围内生长，这种能力在不同蓝藻种类中各不相同，并且受营养物质和光照（受水体浊度或透明度的影响）的强烈影响。有些蓝藻属［如浮丝藻属（*Planktothrix*）和拟柱孢藻属（*Cylindrospermopsis*）］也能在弱光照的环境中生长，它们能利用不同水深环境中丰富的营养物质。例如，浮丝藻属能在水深 12m 的水层大量生长，丝状的拟柱孢藻属能存在于 7m 深的水层中。一些蓝藻，如喜好强光照的丝状鱼腥藻属（*Anabaena*）和浮丝藻属会在水表面之下形成一条致密带。在水体中不易移动的底栖蓝藻［如席藻属（*Phormidium*）、伪鱼腥藻属（*Pseudanabaena*）和颤藻属（*Oscillatoria*）］能在水质清澈的浅层水库中大量生长，也能在大型水库的浅层区域积聚，并且可以附着在岩石、沉积物或者大型水生植物这样的大型生物体上。

各个环境因素之间复杂的相互作用会影响蓝藻的生长。这些影响因素包括：光照强度、水温、酸碱度、二氧化碳浓度、可利用的营养物质（氮、磷、铁、钼）、水体的物理特性（水面形状和水体深度）、水体的稳定性、水流速度（河流）、入流量或风引起的水体水平流动（水库和湖泊）、水生生态系统的结构和功能。能够促进蓝藻生长的环境因素会在下文中讨论。如果这些有利因素中的几种同时出现，那么蓝藻的生长会达到最佳状态并可能引起水华。

1.3.1　营养物质

蓝藻水华经常在富含氮、磷的水体中发生（富营养条件），据此推测，蓝藻水华需要高浓度的营养物质。但这与之前观察到的蓝藻水华经常发生在可溶性磷酸盐浓度最低时期的结果不同。实验数据表明，许多蓝藻对氮、磷的亲和力比其他光合微藻要高。即使在 1L 水中仅能检测到几微克的可溶性磷酸盐（通过过滤后的水样检测溶解活性磷酸盐），蓝藻的生长和生物量也不会被可利用的磷酸盐限制[11]。尤其是在缺少磷的环境中，蓝藻能高效利用环境中的磷从而将绿藻淘汰。因为：①它们对磷有更强的亲和力；②它们所储存的磷能够使它们进行 2～4 次细胞分裂，相当于生物量增加到原来的 4～32 倍[11]；③它们能迁移到水体中磷浓度高的区域。蓝藻（如微囊藻属）能够以蛋白质（藻青素和藻青蛋白）的形式储存氮，并在缺氮的条件下利用这种蛋白质获得足够的氮源。其他蓝藻（如拟柱孢藻属）能利用大气中的氮，可以在氮缺乏但光照充足的表层水体中繁殖，并且通过营养物质的竞争来淘汰环境中的绿藻。营养水平对蓝藻生长的影响可以通过水体中总磷的浓度来简单衡量。通常来说，总磷浓度在 10～25μg/L，表示蓝藻生长的中度风险水平；小于 10μg/L，表示蓝藻生长的低风险水平；大于 25μg/L，表示蓝藻生长的高风险水平。但是，假如营养物质的循环速度很快，那么蓝藻也能在低磷的条件下保持较快的生长速度。这种情况会在第 2 章进一步讨论。

氮磷比曾被认为是限制蓝藻生长的一个关键因子，其对蓝藻的影响比其他浮游植物更显著[12]。但是近期的研究结果否认了这一观点，认为氮磷比并不是蓝藻生长的决定性因素[13]，营养物质的种类才是影响蓝藻或者其他藻类生长的限制性因素。

1.3.2　光照

蓝藻不同于其他浮游植物，它们不但具有光合色素叶绿素 a，还含有藻胆蛋白。这些色素能捕获波长为 500～650nm 的绿色光、黄色光和橙色光。这使得蓝藻能够高效地利用光能。高密度的浮游植物能够导致水体的高浊度和低光度，在这种条件下蓝藻能够更高效地捕获太阳光从而淘汰其他浮游植物。例如，在受光照限制的环境条件下，蓝藻的生长率比绿藻要高，这使得它们能在高浊度的水体中淘汰绿藻。

水体的浊度和色度都会影响蓝藻对光的捕获。通常，我们把能够进行光合作用的区域称为透光带。按照定义来说，透光带是从水体表面到光照强度为水体表面 1%的水体深度区域。透光带可以通过塞氏盘测量水体中透明度来估算其大致范围，一般将塞氏盘深度增加 2～3 倍（在第 3 章有关于塞氏盘深度测量的详细介绍）。

当蓝藻处于透光带时，它们能通过气泡调节浮力使自身获得最佳的光照条件。进入水体的光线对底栖蓝藻的生长也很重要。光线的穿透力越强，底栖蓝藻就能在越深的水层生长。

1.3.3　温度

蓝藻对于温度的耐受范围很广，但是通常当水温超过 20℃时，蓝藻才能获得较快的生长速度。从温带到热带的地域中，一年大多数时间的温度都适宜蓝藻生长。光照、氧气丰富但缺少营养物质的上部温水层与光照、氧气缺乏但营养物质丰富的底部均温层之间有一个明显的温度梯度，温水层与均温层之间的区域称为变温层，这种现象称为水体分层。相比于其他浮游生物，这种环境条件更适合蓝藻的生长。图 1-4 表示了水体的热分层。

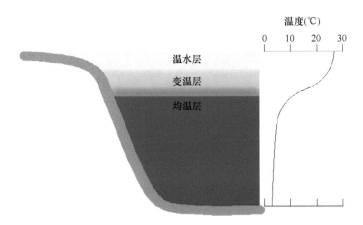

图 1-4　以湖泊的热分层横截面为例展示变温层和均温层的位置及与之相关的温度变化规律

虽然湖泊或河流中的大多数区域并没有分层，但是其暖水区、浅水区和避风区容易形成分层，为蓝藻的生长提供了理想的环境条件，从而增大了蓝藻水华发生的风险。设在这些区域的取水点出现高浓度蓝藻的可能性更大。

1.4　蓝藻毒素

蓝藻能够产生一系列致毒方式不同的有害藻毒素。表 1-1 列举了主要的已知毒素、毒素的靶器官，以及产生毒素的蓝藻种类。目前还不能鉴定出所有的蓝藻毒素，每年都会鉴定出新的微囊藻毒素变型，故这个表格还需进一步补充完善。

表 1-1 蓝藻毒素的一般特征

毒素种类	哺乳动物体内的主要靶器官	蓝藻属
环肽		
微囊藻毒素	肝脏和其他组织（可能致癌）	微囊藻属（*Microcystis*）、鱼腥藻属（*Anabaena*）、浮丝藻属（*Planktothrix*）、念珠藻属（*Nostoc*）、软管藻属（*Hapalosiphon*）、项圈藻属（*Anabaenopsis*）、束丝藻属（*Aphanizomenon*）
节球藻毒素	肝脏（可能致癌）	节球藻属（*Nodularia*）、鱼腥藻属（*Anabaena*）、浮丝藻属（*Planktothrix*）、束丝藻属（*Aphanizomenon*）
生物碱		
类毒素-a	神经突触	鱼腥藻属（*Anabaena*）、浮丝藻属（*Planktothrix*）、束丝藻属（*Aphanizomenon*）、拟柱孢藻属（*Cylindrospermopsis*）
类毒素-a（S）	神经突触	鱼腥藻属（*Anabaena*）
海兔藻毒素	皮肤（可能促肿瘤）	鞘丝藻属（*Lyngbya*）、裂须藻属（*Schizothrix*）、浮丝藻属（*Planktothrix*）
柱孢藻毒素	肝脏和肾脏（可能具有遗传毒性和致癌性）	拟柱孢藻属（*Cylindrospermopsis*）、束丝藻属（*Aphanizomenon*）、梅崎藻属（*Umezakia*）、尖头藻属（*Raphidiopsis*）、鱼腥藻属（*Anabaena*）、底栖的鞘丝藻属（*Lyngbya*）
鞘丝藻毒素-a	皮肤和胃肠道（可能促肿瘤）	鞘丝藻属（*Lyngbya*）
蛤蚌毒素	神经轴突	鱼腥藻属（*Anabaena*）、束丝藻属（*Aphanizomenon*）、鞘丝藻属（*Lyngbya*）、拟柱孢藻属（*Cylindrospermopsis*）
脂多糖	潜在刺激物；影响任何接触组织	所有蓝藻

绝大多数蓝藻毒素的产生都与一些常见的浮游性、易产生水华的蓝藻有关，这些蓝藻种类能够自由漂浮在水中，如微囊藻属（*Microcystis*）、鱼腥藻属（*Anabaena*）和拟柱孢藻属（*Cylindrospermopsis*）。但是一些底栖或附着性蓝藻，如颤藻属（*Oscillatoria*）、席藻属（*Phormidium*）和鞘丝藻属（*Lyngbya*）也能够产生神经毒素和肝毒素，因此它们也具有潜在的危害性[14~16]。

蓝藻毒素可大致分为环肽、生物碱和脂多糖类[6,17]。蓝藻毒素的作用机制多种多样，对哺乳动物健康的影响主要有：神经毒性（如类毒素、蛤蚌毒素）、肝脏毒性（如微囊藻毒素、柱孢藻毒素、节球藻毒素）、引起炎症或产生刺激性（如脂多糖内毒素）。这些毒素能够引起多种动物死亡[18]。某些蓝藻还能够产生代谢物

β-*N*-甲氨基-L-丙氨酸（BMAA），这种代谢物可能和神经退行性疾病[19]有关。

大量浮游藻类过度繁殖引发的严重水华导致水体外观明显变差，从而避免了人们大量取用而产生的致命后果。但有越来越多的证据表明，即使人类接触低剂量的蓝藻毒素其健康也会受到慢性危害。蓝藻已经在澳大利亚[20,21]、北美[22~24]、英国[25]、巴西[26]和非洲[27]等地致人患病。在巴西，已经发现了一些患者因接触受蓝藻毒素污染的水源而死亡的案例[28]。在中国也有关于蓝藻和癌症之间相关关系的流行病学案例[29,30]的报道。

图 1-5 显示了有害蓝藻水华对野生动物产生的影响。

图 1-5　被有毒蓝藻水华污染的水源对野生动物产生的影响

每个大洲都有关于有毒蓝藻的记录，包括南极洲[31,32]。在目前监测到的蓝藻水华中，其中 50%～75%是有毒的[33]。然而对某一特定蓝藻，并不是其所有水华都是有毒的。事实上，同一蓝藻种类在不同蓝藻水华中的毒性会随着地理位置的变化和时间的推移而表现出极大的差异[34]。水华的毒性取决于有毒蓝藻种类和无毒蓝藻种类的相对比值，这种比例和与之相对应的毒性会随着时间的变化而变化。因此，在通过实验室证实以前，所有的蓝藻水华都应该被视为有毒的。由于其潜在的毒性可变性，对于蓝藻毒素的监测必须持续进行。有关蓝藻监测的内容将会在第 3 章详细讨论。如前文所述，最初人们认为蓝藻毒性主要限定在浮游蓝藻种类上，然而水体中能够形成"藻垫"的底栖蓝藻也有一定的毒性[35,36]。这会对供水企业造成难题，因为底栖蓝藻通常是在水下的，相对于有毒的浮游水华蓝藻而言，底栖蓝藻不容易被看见，有关内容也会在第 3 章进一步讨论。

蓝藻毒素是在蓝藻细胞内合成的，通常储存在细胞内。但是，在细胞裂解（细胞被破坏）和细胞死亡的过程中，蓝藻毒素会被大量释放[17,3]。一个例外是拉氏拟柱孢藻（*C. raciborskii*）产生的柱孢藻毒素，绝大部分是在细胞健康生长的状态下被释放到周围水体中的[37]。

1.5　含蓝藻毒素的饮用水水质标准

饮用水安全指南旨在通过制定有害成分的安全限值来保护公众健康。安全限值，表示终生使用含有该浓度某物质的饮用水是安全的。世界卫生组织制定的饮用水水质安全指南[38]代表了人们对饮用水中的微生物和化学物质产生的健康风险所达成的科学共识，其对各个国家、州、地区的饮用水水质标准具有指导价值。由于该指南制定了自来水中允许的最大浓度限值，因此对供水单位有十分重要的指导意义。对于一些国家来说，卫生局会对安全限值给出建议。对于另外一些国家来说，安全限值是标准，必须进行监测。对于一些水务管理部门来说，这种安全限值已经成为合同义务的一部分，他们需要把指南规定的浓度限值当作他们服务标准的一部分来执行。

由于当前缺乏一系列蓝藻毒素的毒理学数据，世界卫生组织只对目前所知的毒性最强的一种蓝藻毒素制定了安全限值，即微囊藻毒素-LR（1μg/L）。

第 2 章　水源的危害识别和风险评估

2.1　背　　景

世界卫生组织把危害定义为"有害于公众健康的物理、生物、化学成分"。

对已识别危害的风险评估要考虑以下几点：①已识别的危害发生的可能性；②危害影响的大小或严重性，以及危害出现所导致的后果。

风险评估可以在两个层面上进行：缺乏预防措施下的最大风险评估；应用现有预防措施之后的剩余风险评估[39]。

藻类水华最大的危害是蓝藻毒素等有毒代谢物质的产生。表 2-1 列举了评估蓝藻水华风险时需要考虑的一些因素。这些信息由 Nadebaum 等调查研究得出[39]。

表 2-1　评估蓝藻水华风险所需考虑的因素

典型危害

　蓝藻毒素

评估危害可能性和严重性所需考虑的因素

（1）某一特定水库发生水华的频率

（2）毒素的危害程度

（3）预测水华发生的监测能力

（4）消除技术的有效性和消除程度（如铜的剂量、去分层作用）

（5）夏季水体分层的严重性

（6）可利用营养物质的水平

全面的水源风险评估包括以下几方面。

（1）明确影响蓝藻增殖的因素。

（2）通过分析历史数据来确定影响水源中蓝藻生长的因素及其季节变化。

（3）如果历史数据丰富，可以测定这些影响因素和蓝藻种类、数量、产生毒素之间的相关关系和趋势。如果毒素数据并不丰富，也可以参考蓝藻所产气味的相关数据。

（4）识别当前或潜在的进入水源的营养物质。如果条件允许，可以通过对流域内污染物排放进行现场调查来完成，也可以对水体进水口的营养物质进行常规监测（表 2-2 列举了可能进入水体的营养物质）。

（5）评估当前防控措施（如去分层技术）的有效性。所积累的水源数据应该使水源管理者能够预测特定环境下水华发生的可能性，以及对水质的潜在影响。

表 2-2　进入水体的潜在营养物质示例

人类活动	危害等级	行业分支	生产生活活动
工业	高	造纸，纸浆或纸浆产品的生产行业	造纸，生产纸浆或纸浆产品
	中	酿酒行业	生产酒精或酒精产品
		化工行业	生产农业肥料、易燃易爆物、肥皂和消毒剂（包括生产家用和工业用的肥皂和消毒剂）
		泥沙开采	从水体底部、岸边或浅滩获得材料
农业	高	牲畜集约化养殖	饲养场试图在有限的场地内用生产的饲料将牲畜养肥（养猪场、家禽场、牛奶场、牲畜寄养场）
		牲畜加工	屠宰牲畜（包括家禽） 用屠宰的牲畜生产一些副产品，如皮革加工、油脂提取、洗毛
	中	农产品生产	农产品生产，包括牛奶、种子、水果、蔬菜及其他作物
		水产养殖	海洋、江河及淡水养殖（繁殖、孵化、饲养、栽培），包括水生植物或动物（如长有鳍的鱼类、甲壳类、软体动物及其他水生无脊椎动物），但不包括牡蛎
	低	其他农业	所有其他农业活动
城市生活	高	污水处理	包括处理设施、泵站、污水溢流装置和管网系统（＞250kL/d）
	中	污水处理厂	包括处理设施、泵站、污水溢流装置和管网系统（＜250kL/d）
		堆肥	相关的处理设施或后处理设施（包括利用有机废物生产覆盖材料或对有机废物进行发酵，还包括生产蘑菇生长的基质及与之相关的活动）
农村生活	高	所有	在城市居住区以外的废水、废物处理和供水活动

2.2　影响蓝藻水华发生的因素

蓝藻的高生长率导致了水华或水体浮渣的形成，高生长率是一系列物理、化学、生物因素联合作用的结果，这些因素包括可利用的营养物质、水温、分层程度、气候条件、水体的形态学和水动力学稳定性（更多信息见第 1 章）。但是，最重要的影响因素是氮、磷营养物质的丰富度或水体的富营养化程度。因此，任何蓝藻水华的风险评估都必须考虑这些参数。大多数情况下，磷是导致蓝藻水华的关键因素，因为水体中的总磷与光合色素叶绿素 a 有着直接的关系。

了解作为外源污染的不同生产活动类型对水体中总营养物质含量的贡献程度十分重要（表 2-2）。污染源调查能帮助我们评估水体营养物质的来源，这些来源中有许多能够被控制甚至完全消除。调查中必须包含磷含量；磷的浓度水平和水华发生关系密切，和水体中的叶绿素 a 含量呈现相关关系。相关信息能用来指导蓝藻的控制和管理工作。

2.3　蓝藻生长的风险评估

2.3.1　底栖蓝藻

当水库中出现气味化合物，如 2-甲基异冰片和土嗅素，而水库中又缺少已知的会产生这些物质的浮游蓝藻时，说明存在底栖蓝藻。因此，有关水体气味的历史数据可以用来评估有毒底栖蓝藻的潜在风险。底栖蓝藻在水库中的分布受到水体透光性的限制。浅水水库，尤其是水体透明度较高的浅水水库，相比于深水水库有着更多利于底栖蓝藻生长的区域。一般来说，底栖蓝藻需要的光照辐射为水面光照辐射的 1%，但是也有一些底栖蓝藻所需的光照辐射要更低一些。水库中适于底栖蓝藻生长的区域，可以通过水体的消光系数和水深测量数据计算得出。

2.3.2　浮游蓝藻

评估浮游蓝藻水华发生的可能性一般采用"Vollenweider"模型，该模型把春季以磷负荷表示的总磷与后期以叶绿素 a 测出的藻类生物量联系了起来[40~42]。这种相关关系适用于由于集水过程向水体释放过量营养物质（尤其是磷）而导致的有害蓝藻水华。

除了那些基于湖泊物理参数的简单模型之外[43]，还有更加复杂的 2D、3D 水动力学水质模型，这些模型可以用来模拟包括蓝藻在内的不同藻类群组的出现。这些模型的运行和校正十分复杂，需要大量的物理和化学指标数据，使模型顺利运用。Taylor 等[44]综述分析了一些应用于预测水体气味方面的水质模型，他们认为虽然一些模型可以合理地模拟藻类的生长，但不能模拟土嗅素和 2-甲基异冰片的产生与释放。也许经过许多研究机构对水质和藻类生长模型不断地研究和发展，未来会研究出功能更加强大的模型对水体气味进行模拟预测。

澳大利亚国家健康与医疗研究委员会（NHMRC）颁布的《娱乐用水风险管理标准》中提供了一种简单的风险评估方法，该方法兴起于澳大利亚，用于评估水体是否容易受到蓝藻污染[45]。评估方法中所使用的变量都是影响蓝藻发生的首要驱动因素和指示因素，它们分别是蓝藻发生的历史记录、水温、总磷浓度、热分层。

这些参数被分级，表格中将蓝藻生长的风险评估结果分为 5 个等级，从"很低"到"很高"（表 2-3）。这种方法虽然过于简单，因为许多其他变量也能导致中等风险，但是，这是一种有效的、半定量的潜在风险评估方法。值得注意的是，这种方法可能更适用于具有浮力、能够形成水华的蓝藻，如微囊藻属（*Microcystis*）和鱼腥藻属（*Anabaena*），拉氏拟柱孢藻（*Cylindrospermopsis raciborskii*）和束丝藻属（*Aphanizomenon*）则不适用。

表 2-3　影响蓝藻生长的主要参数（适用于微囊藻属和鱼腥藻属）

蓝藻生长的可能性	蓝藻发生的历史记录	环境因素		
		水温（℃）	营养盐总磷浓度（μg/L）	热分层
很低	无	<15	<10	极少或没有
低	有	15～20	<10	很少
中	有	20～25	10～25	有时
高	有	>25	25～100	频繁、持续
很高	有	>25	>100	频繁、持续、十分强烈

表 2-3 具有一定的指导价值，但它只是基于澳大利亚的实际调查经验。如果要进行实际应用，还必须考虑检测地点的环境条件，尤其是温度和磷浓度。除此以外，如前文提到的，在大多数情况下许多其他环境条件也能够导致蓝藻水华的形成。基于南非的实际调查经验，也已完成类似的对磷浓度水平与蓝藻水华风险关系的评估工作，相关内容见表 2-4。这两地的研究结果均表明，当磷浓度为 25μg/L 时，发生蓝藻水华的风险为高风险水平。

表 2-4　基于叶绿素 a 表示的南非水库蓝藻生长的风险等级

年总磷浓度中值（μg/L）	风险水平	
	低级别危害发生的风险	水华发生的风险
0～5	低	无
5～14	中	低
14～25	高	中
25～50	高	
50～150	很高到极高	
>150	极高到永久性发生	

2.4　蓝藻毒素产生的可能性评估

前文描述了水库对蓝藻污染敏感性的风险评估程序，但是并没有提供一种测定潜在蓝藻种群数量的方法。有一种经验模型，可以根据水体中已知磷浓度计算出蓝藻以及微囊藻毒素、蛤蚌毒素的最大浓度。该模型所需的条件主要基于过去和当前的水质数据，其理论计算基于以下指标。

（1）总磷中可以被生物利用的部分。

（2）磷浓度与叶绿素 a 浓度的换算系数。

（3）每个细胞中的叶绿素 a 含量。

（4）每个细胞中的毒素量。

以上指标在不同蓝藻种类中各不相同[46~48]。

该模型能够以可利用的磷作为限制因素，模拟出 3 种蓝藻生长的环境情况。

最佳环境情况：水体中的磷只有一小部分能被蓝藻生长所利用（36%），且只有一小部分能转化成蓝藻的生物量。所以蓝藻不占优势，毒素和气味物质的产生也维持在最低增长速率。

通常环境情况：能被利用且转化为蓝藻生物量的磷达到中等水平（60%）；蓝藻不占优势，毒素的产生维持在中等增长速率。

最差环境情况：水体中 80%的磷是可被生物利用的，所有可利用的磷都能转化为蓝藻的生物量，蓝藻占优势，毒素的产生和释放维持在最大增长速率。

表 2-5 是该模型的一个应用实例，实例中水库的当前总磷浓度为 80μg/L。表中微囊藻（*Microcystis* sp.）的细胞数量、微囊藻毒素浓度、鱼腥藻（*Anabaena* sp.）细胞数量、蛤蚌毒素浓度这些数据都是基于相应的营养条件，随着营养水平的变化而升高或者降低。必须指出的是，这些指标的高低取决于蓝藻的种类、地理位置和环境条件。蛤蚌毒素浓度是基于澳大利亚鱼腥藻水华得出的，它并不能直接应用于其他地方的鱼腥藻水华。表 2-5 的信息仅仅作为示例，它的主要目的是为数据丰富的特定水体提供一个可供参考的计算方法。所得到的信息能简单地评估水质风险，从而为富营养水体的蓝藻污染问题提供适合的处理工艺。对于特定的水源和确定的蓝藻种类，类似的计算方法已被证明十分有效。

表 2-5　用一个简单的经验模型来模拟水库中不同营养物质浓度下蓝藻生长和毒素的产生情景

			预测蓝藻及其代谢产物的浓度						
水库营养状况	总磷（μg/L）	情景模拟	生物可利用的磷浓度（μg/L）	铜绿微囊藻（*Microcystis aeruginosa*）（个/mL）	微囊藻毒素（总量）（μg/L）	卷曲鱼腥藻（*Anabaena circinalis*）（个/mL）	土嗅素（总量）（ng/L）	土嗅素（水中浓度）（ng/L）	蛤蚌毒素（总量）（μg/L）
低营养水平	40	最佳环境情况	14.4	2 000	0.03	1 000	36	1.8	0.07
		通常环境情况	24	27 000	1.15	13 000	960	96	0.9
		最差环境情况	32	44 000	12.8	44 400	4 800	720	2.9
中营养水平	80	最佳环境情况	28.8	4 000	0.06	2 000	72	3.6	0.13
		通常环境情况	48	53 000	2.3	27 000	1 920	192	1.8
		最差环境情况	64	89 000	25.6	88 900	9 600	1 440	5.9
高营养水平	160	最佳环境情况	57.6	8 000	0.12	4 000	144	7.2	0.26
		通常环境情况	96	107 000	4.6	53 000	3 840	384	3.5
		最差环境情况	128	356 000	51.2	177 800	19 200	2 880	11.7

如何通过计算进行风险评估的详细信息请见文献[49]。

许多更加复杂的水质模型也能被用来预测蓝藻生长[50,51]。

2.5　剩　余　风　险

以上情景模拟可以推测出水源中蓝藻增殖及蓝藻毒素产生的潜力，也就是可以推测出在缺乏预防措施下的最大风险。以下几章讲述了用于减少风险的方法，如监测方案（第 3 章）、水源管理（第 4 章）、水处理（第 5 章）及风险管理预案（第 6 章）。

第 3 章　监测方案的制定与实施

3.1　背　　景

监测是蓝藻毒素风险管理中至关重要的一步。监测需涉及以下三个方面，从而为风险控制提供支持：测定水源和最终饮用水中蓝藻浓度，测定水源和最终饮用水中蓝藻毒素浓度，分析水源中促进或抑制蓝藻生长的成分和条件。对上述三方面内容进行长期跟踪监测并定期收集数据，有助于供水管理者最大限度地降低蓝藻水华发生的风险。

制定一个长期有效的监测方案，需要供水管理者思考并确定以下问题：①取样要分析什么指标以及如何测定；②取样地点如何选择；③取样频率；④取样时应做几个平行。

监测的定义包含两部分，即水体取样和样品分析。水体取样和样品分析可以共同为蓝藻水华的早期预警提供信息，对蓝藻水华的发展过程进行追踪[52]。本部分稍后会对蓝藻监测和取样方案的建议进行概述（参见表 3-2）。

建议选择经国家权威机构认证的、有取样和分析资质的实验室对蓝藻样品进行取样和分析。例如，在澳大利亚，国家检测机构协会对能够执行某些特定类型测试、测量、检验和校准的机构予以认证。但被授权的实验室可采用得到行业认可的不同实验方法来进行样品分析，这使得对比不同实验室的样品分析结果变得困难。没有经过认证的实验室需要根据最高标准来进行取样和分析，从而确保测定结果的有效性。

3.2　目　　测

对水体最简单、最重要的监测方式是定期目测水体颜色的变化或水体表面蓝藻浮渣的形成。目测可作为一些高级监测的辅助形式，当条件有限时，目测则成为偏远地点或现场非专业人员的主要监测形式。对于某些不会形成浮渣的蓝藻种类，如拟柱孢藻，水体轻微的变绿可能预示着藻密度已经很高，存在蓝藻水华的危险。在这种情况下，需要通过取样分析来确定蓝藻的密度。

当水体中存在水华蓝藻时，可通过目测定性评价水质状况和蓝藻带来的相关危险。现场目测的频率取决于季节和天气状况。如果现场只能采用目测这一种监测手段，应该用专用表格来记录浮渣形成的地点及规模。

水体中可最先看到的蓝藻指示物是绿色小颗粒，如果把水放入广口瓶中，透过光看这些小颗粒会更加明显。在开放水域中，在蓝藻浓度超过 5000～10 000 个/mL 之前，通常观测不到浮渣的形成。水华或浮渣的形成，一般出现在无风天气的清晨，随着藻细胞浓度的增加，或在长时间的无风天气下，浮渣能在水体表面持续存在几天或几周。浮渣多在水库、湖泊或河段的下风向处发生聚集，另外，在河水回流处、港湾或河湾处也能观测到。

一般来说，正常的蓝藻浮渣看上去像浮在水面的浅绿色或橄榄绿色油漆。只有当部分或全部细胞都死亡时，浮渣才会呈现蓝色。随着细胞的死亡，胞内物质包括全部的色素成分会释放到周围水体中。蓝藻主要有 3 种色素：叶绿素、藻胆蛋白和类胡萝卜素。在正常细胞中，绿色的叶绿素掩盖了其他色素的颜色，然而有些情况下，其他色素会使蓝藻水华的颜色趋于黄绿色或橄榄绿色。细胞死亡后，叶绿素在阳光的照射下会很快脱色，而蓝色的藻胆蛋白却一直存在。图 3-1 是蓝藻水华和浮渣出现时的一些图片，高浓度蓝藻会给供水方带来水质问题。

不应把蓝藻浮渣与丝状绿藻的浮渣或漂浮物相混淆，当用手（戴上手套）从水体中捞起丝状绿藻的漂浮物时，它们更像头发或蜘蛛网。还有一些其他浮游植物形成的水华和蓝藻浮渣特别相似，只有借助显微镜才能区分开来。丝状绿藻的浮渣或漂浮物在流速较缓、较浅的溪流和灌溉用渠及排水沟中更为常见。

图 3-1　蓝藻水华和浮渣

　　图 3-2 列出了一些绿藻水华的图片，绿藻水华在表观上和蓝藻水华很相似。两者视觉上的主要区别为，相比起蓝藻橄榄绿或蓝绿的颜色，绿藻是鲜绿色的。

图 3-2　在缓流水体中绿藻水华的常见例子

底栖蓝藻通常在水下，并且较难监测到。由于底栖蓝藻经常脱离附着物表面而漂浮到水面上，现场目测是发现底栖蓝藻的重要方法。图 3-3 列举了一些附着的底栖蓝藻和分散悬浮物，它们可引起水质问题。

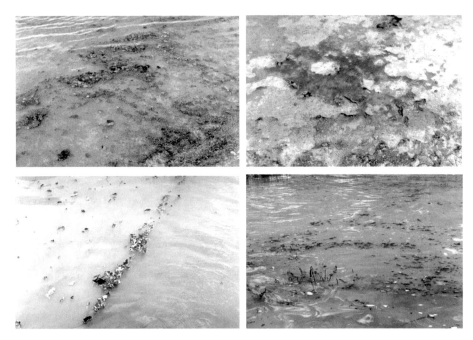

图 3-3　附着在沉积物和岩石表面的底栖蓝藻和脱离附着基质后漂浮在水面的悬浮物

蓝藻水华的另一种信号是气味。在有些蓝藻形成明显的水华或浮渣之前，人们可在一定距离内闻到其产生的特殊泥土或发霉气味。因此，将气味监测和现场目测相结合是非常有用的。

3.3　采样方案设计

采样方案的设计取决于监测方案的主要目标。这个目标由水是否直接使用所决定，同时水是否直接使用也决定了监测结果所需要的置信水平。例如，如果被监测的水直接供给消费者，那么监测结果需要一个较高的置信水平，可以预见蓝藻出现可能带来的所有潜在危险。然而，如果水库没有直接供水或只是储存大容量的水，那么监测结果只需要较低的置信水平。可以通过这种基于监测目标的方法，同时兼顾采样的人力、物力消耗来设计采样方案。

大多数情况下，采样方案设计的目标在于采集到可代表总体水体的样品，或者样品采自正在使用的水体（如饮用水厂的取水口）。采样目标确定之后，可将工作强度水平定义为高、中、低，工作强度由下列因素共同决定：采样途径、样品类型或采集方法、单次采样的样品数、采样的频率。

这些因素在下文表 3-2 中有更详细的讨论。

3.3.1　采样途径

在水体中，蓝藻在水平和垂直方向上的分布都非常不均匀。其中，垂直分布的不均是因为温暖、无风的天气形成了水体分层，使得具有浮力调节能力的蓝藻细胞能较长时间悬浮在水体表面。大多数浮游植物普遍存在水平分布不均的情况，但由于盛行风的影响，浮游植物尤其是蓝藻容易在向下风向的水库岸边或河段弯曲处聚集。

一般而言，在开阔水体中根据深度来分层综合采样，可以较好地代表蓝藻的真实或整体种群状况，所以分层综合采样是蓝藻采样的首选方法。在开阔水体或河流中心采样通常采用小船，但一些情况下也可以在河流的桥上采样，或从开阔水体的一些构筑物如水库取水口平台采样。对于饮用水源来说，采样的深度最好靠近取水泵房或直接从泵房中采样。考虑到开阔水体采样需要消耗的资源（如船和两名采样人员），通常只在高优先级的公共卫生监测中采用。

如果无法进行开阔水面采样，那么饮用水源监测的第二选择是从水库、湖泊岸边或河岸处采样。根据上面讨论的蓝藻空间分布不均匀性，且受限于合适的采样点选取，这些样品可能不能代表整个水体蓝藻种群的真实状况。在选择采样点时，盛行风和水流的影响都应考虑在内。

已有研究证实底栖蓝藻会造成水质问题，因此需要采用不同的采样方法来对附着生长的底栖蓝藻和沉积物进行采样。

3.3.2　采样方法

采样方法取决于采样是否需要船只、靠岸或是借助平台，包括水体分层（软管）采样、定深（抓取）采样、杆式采样器采样、利用刮板从沉积物上对底栖蓝藻采样,以及从输水管道采样。这些采样方法可用于蓝藻鉴别、毒素分析和底栖蓝藻评价。当使用船只采样、在特定深度采样、在岸边或者管道采样时,应选取不同的采样方法。

不管是在岸边还是使用船只采样,对蓝藻样品进行采集时都应当了解相关的安全问题。采样者必须接受全面培训并且知悉有关采样的各方面问题。

(1)潜在的环境危害(如水下的原木和树枝、蚊子、鳄鱼、紫外线)。

(2)安全设备放置位置和使用方法(如救生衣、帽子、防晒品)。

(3)设备和交通工具的标准安全规程。

(4)驾驶特定交通工具需要的资格证书,如四轮越野车、自行车、拖拉机或船。

(5)高级急救资格。

经过培训后,采样者一定要能识别出野外采样中存在的危险,并对具体的采样地点和采样方法予以记录。

3.3.2.1 底栖蓝藻采样

某些情况下,尤其是已经监测到较高水平的气味化合物,但在水样中少有或没有蓝藻存在时,必须要对底栖蓝藻进行采样鉴定。底栖样品通常只用于定性分析,常规采样一般不会采集。采集底栖蓝藻,最简便的方法是收集那些与底层基质分离并悬浮在水面上的漂浮物。如果采集不到漂浮物,对底栖蓝藻的数量和分布进行有代表性的评估就比较困难。样品应从贯穿或围绕水库的多个断面进行采集,采样者应特别关注那些受保护的浅湾和过去曾检测到底栖漂浮物的区域。可根据水体中光强衰减的情况调整采样深度,最深可至 5m。样品可用水底采样器来采集,如 Eckman 采样器或硬质塑料取样器(聚氯乙烯或聚碳酸酯管)。受保护的浅湾断面也应进行采样。不同深度的沉积物采样可利用刮板采样器或软管,采集后倒入一个有盖的容器内。当采集的沉积物较多时,可以对其进行二次取样,放置于更小的标本缸内。对沉积物表面进行目测,也可为底栖蓝藻的分布规律提供非常有用的信息。如果需要更细致的调查,可依靠水下摄像机或潜水员来进行,这就需要相对复杂的专业知识和物力保障。

底栖蓝藻也会附着在堤坝壁或取水构筑物上,可以刮下来进行采集,在水位下降时采集更为容易。

3.3.2.2 蓝藻鉴定和计数采样

1. 水库或河流船只采样

在水库或河流采样时，最好使用船只采样并在采样时保持船只静止。水库中的采样点应能代表整个水体，并且要在多个功能区内随机挑选。对于船只采样，最实用的方法是利用那些放置在每个分区内、有标志浮标的永久系泊设备，这些设备可简化开阔水体特别是有风天气下的采样过程。采样地点的固定可保证数据的一致性，可以对给定时间内的采样结果进行比较。如果无法在水体中放置一个固定的浮标，也可应用全球定位系统（GPS）来确保采样点位置的长期一致。每年在各分区内移动采样点系泊设备的位置可以确保采样的随机性。在对河流进行监测时，由于受河道内水流的影响，对采样点随机性的要求不那么严格。

2. 岸线表层采样

在河岸或岸线采样是相对比较简单的，但是岸线积累物的不均衡性会导致采样出现较大偏差。可用杆式采样器进行采样，将采样瓶放置于可伸展的 1.5～2m 的长杆末端。图 3-4 中展示了这个采样过程。另外，在河岸或岸线采集分层水样时可以用某研究[53]中描述的矛式取样器。需要注意的是，不管用杆式还是矛式取样器，都不要采到岸线边累积的浮渣。需要从浮渣聚集物中单独蘸取一部分进行毒性分析。

图 3-4 用延长杆在岸线随机采样

3.3.2.3 用于毒性分析的样品

1. 定性

当没有更成熟的技术或者不能确定是哪种毒素时,可用小白鼠生物法来进行定性的毒性分析。这些样品通常取自沿着岸线或河床的浓密浮渣聚集物。也可通过从船上或岸线上拖动的浮游植物滤网(25～50μm 尼龙网布)进行浓缩,或取大量水样在实验室进行浓缩。图 3-5 展示了在岸线用一个拖网采样器来浓缩蓝藻细胞的采样方法。

图 3-5 网式采样是一种简单的蓝藻浓缩方法

取样量的多少取决于要采集的蓝藻或浮渣的浓度。如果蓝藻细胞浓度较低,或者藻类太小能透过浮游植物网,则需要用其他的方法如过滤、离心进行浓缩,此时需采集多达 2L 水样。

这种定性分析只能用于筛选,如果小白鼠生物法证明毒素是阳性的,那么就需要用定量的方法来确定毒素的种类和浓度。

2. 定量

根据样品和毒素的不同类别(见下文),可用多种方法进行毒性定量分析。采样方法与浮游植物鉴别和计数取样方法相同，取样量取决于所用到的分析方法。一般而言，应至少采集 500mL 的水样。

3.3.3 采样频率

要监测蓝藻密度变化的趋势，需要一个能准确代表整个水体蓝藻种群的数据。从不同采样点采集一系列离散样品，对这些样品分开计数并取平均值，可实现以上目标。除了分别计数各采样点的样品，还可以将这些样品合并或混合。在 3 个以上的采样点分别采样，然后将水样混入同一容器。待容器内的样品完全混合后，便可在容器内二次取样进行计数。为了避免偏差，进行混合的每个单独样品必须体积相同。除了在野外对样品进行混合外，还可以将离散样品送到实验室进行样品混合、二次取样和相关分析。采用这种方法时，可以保留一部分原始样品以便进一步的分析。样品进行混合的好处是降低后续数据分析、统计上的工作量以及在计数上的花费。

水体中采样点的数量受到蓝藻种群的空间变异性、时间和成本的影响。在开阔水面或岸线采样时，如果蓝藻细胞超过 2000 个/mL，应至少设置 3 个采样点，或者按照适当的蓝藻应急处理预案来采样（见第 6 章）。在湖泊或水库采样时，取样点间应至少隔开 100m（如果情况允许）。在河流采样时，平行样品应能代表水体的不同状况。当使用船只采样时，平行样品应该先在下游采集，避免对相同水流进行重复采样。

采样的频率由样品用途、当前的警戒级别（见第 6 章）、监测成本、季节和蓝藻的生长速率等多种因素决定。除成本之外，监测过程中还需要考虑因早期判断遗漏可能造成的后续健康问题。蓝藻的生长速率通常与季节性条件相关性较强，已有研究表明，蓝藻在野外的生长速率可达 0.1～0.4/天（相当于群体不少于 2 天甚至一周的倍增时间）。这些生长速率数值可用于构建一套蓝藻种群的理论增长曲线，其初始浓度为 100 个/mL 或 1000 个/mL（表 3-1）。历史研究数据可用来指示蓝藻数量的增长率。

基于这个估算结果，当蓝藻浓度大于 2000 个/mL 时，对高安全级别供水（如饮用水）应至少每周采样 1～2 次。采样频率必须保证能够监测到种群数量和生长率的显著上升，这些数据将用于水处理厂进行工艺运行的调整以及蓝藻管理预案的制定（将在第 6 章讨论）。

表 3-1　基于两种不同初始浓度及增长率的蓝藻细胞增殖情况

初始浓度 (个/mL)	生长速率—群体 倍增时间（天）	蓝藻密度			
		第 3 天	第 7 天	第 14 天	第 28 天
100	6.93（μ=0.1）–慢		200	400	1 500
100	1.73（μ=0.4）–快		800	6 400	
1 000	6.93–慢		2 000	4 000	>15 000
1 000	1.73–快	3 500	16 000	>250 000	

在公共卫生风险低（如非供水水库且细胞密度低）的供水区，采样频率可为两周一次，但当蓝藻种群达到可能大量增殖的密度时仍需进行预警。

在无风天气条件下，尤其是当分层水体中未进行分层混合取样时，对具有浮力调节能力的蓝藻的采样时间点非常关键。具有浮力调节能力的蓝藻过夜之后会在靠近水表面处聚集，这就导致早上水面蓝藻密度偏高，而在深水处所取样品的蓝藻密度会偏低。早上可以短暂观察到水体表面的蓝藻浮渣，但这些浮渣会随着风力增大消散甚至混进水体。因此，想要获得受浮渣偏差影响较小的样品，通常在白天晚些时候取样。尽可能地将采样时间延迟，但要保证各采样点每次采样时间的一致性。

3.3.4　重复采样

某些情况下，会对监测方案得到的分析结果与由饮用水供应商内部或外部管理机构制定的固定标准进行比较。超过管理限值的监测结果往往带来严重后果，所以供水商必须清楚分析结果的统计误差程度。单次采样的短期花费最低，然而不能表征当前采样结果的不确定性。重复采样可以表征这种不确定性。取 3 个平行样能对样品的真实值置信区间做出更精确的评估。因此，在预算允许的情况下，对关键分析物应进行重复采样。一般来说所有样品中要有一部分，如 30%的样品进行重复采样。详细记录采样结果，从而逐渐了解样品采样、分析时的统计误差。对于不同的监测目标与水体类型，所采取的采样途径与方法各不相同，采样消耗与置信水平也有所差别。如表 3-2 所示，对于饮用水源的采样监测，当水体类型为水库和湖泊时，采样途径为取水口和开阔水面船只取样，采样方法为取水口深度单独取样或分层混合取样；当水体类型为河流和出水堰时，采样途径为河流中心船只取样或从桥、堰处取样，采样方法为分层混合取样。而对于娱乐用水的采样监测，其采样途径主要为岸线或河岸取样，采样方法为表层取样。此外，相比于娱乐用水，饮用水的采样消耗更大，置信水平也更高。

表 3-2　基于水体类型和监测目标的蓝藻采样方法（采样强度和具体流程由监测目标决定）

监测目标	置信水平	水体类型	采样消耗	采样途径	样品类型（方法）[1]	样品数量[2]	采样频率[3]
饮用水供应的公共卫生监测：直饮水	非常高	水库和湖泊	高	取水口和开阔水面船只取样	取水口深度单独取样或分层混合取样	取水口和其他多个采样点均取样	每周一次或两次
		河流和出水堰		河流中心船只取样或从桥、堰处取样	分层混合取样		
饮用水供应的公共卫生监测：大容量蓄水、非直饮水	高	水库和湖泊	中等	取水口或开阔水面船只取样	取水口深度单独取样或分层混合取样	多采样点取样	每周一次或两次
		河流和出水堰		河流中心船只取样或从桥、堰处取样	分层混合取样		
娱乐用水和非市政供水的公共卫生监测	中等	水库和湖泊	低	岸线	表层取样	有限采样点取样	每周一次或每两周一次
		河流和出水堰		河岸	表层取样		

1. 分层混合取样采用弹性或者质硬的软管，深度（2～5m）取决于混合深度（采集表层或水下样品（用 Von Dorn 或 Niskin 取样器）后封紧采样瓶；在岸线或河岸取样时，将采样瓶固定在 2m 长采样杆的末端

2. 采样点之间应至少相隔 100m（除了如农场坝等一些小型水体），其中一个要靠近取水口。多采样点取样后可以合并为混合样品。河流监测应在上游设置采样点进行早期预警。娱乐休闲水体的取样应靠近娱乐项目的使用区域

3. 采样频率由多种因素决定，包括样品用途、当前的警戒级别、监测成本、季节和蓝藻的生长速率。各采样点取样时间点应一致。对表面浮渣的目测应在清晨风平浪静的条件下进行

3.4　样品的运输和储存

3.4.1　用于蓝藻鉴定和计数的样品

样品在采集后要尽快保存于 1%酸性鲁氏碘液中。Hötzel 和 Croome[53]详细描述了该碘液的制备方法。当对新水体进行采样或已有取样点出现新问题时，可在现场保留一部分未固定的样品以便于蓝藻的鉴定。为了确保监测结果的及时性，样品应在采集完 24h 内送到分析实验室进行蓝藻计数。接收样品的实验室应负责

做好样品保存工作。在偏远的农村地区，最好不要在周四或周五取样，以避免样品整个周末都滞存在速递或邮递的分拣仓库中。

固定后的蓝藻样品，可在黑暗环境中保存。如果一段时间内不进行显微观察，样品应保存在密封的褐色玻璃瓶或 PET 塑料瓶（软饮料瓶）中。聚乙烯瓶（果汁瓶）会快速将碘液吸收到塑料中，因此不适宜用于长期储存。活体样品，特别是其中蓝藻密度较大时细胞破裂会比较快，这样的样品在采集后应冷藏起来并尽快处理。

3.4.2　用于毒性分析的样品

应仔细处理用于毒性分析的样品以确保毒素含量测定的准确性。微囊藻毒素和柱孢藻毒素可被微生物降解，少部分会在光化学条件（如光下照射）下分解。样品应在避光和低温条件下运输，分析之前于冷藏和避光环境中保存。样品应尽快分析或以恰当方式保存[54]。

3.5　蓝藻及其毒素分析

3.5.1　蓝藻

蓝藻密度可通过显微镜观察和计数直接算出，也可通过测量所含色素，如叶绿素 a 和藻青蛋白来间接算出。对于蓝藻的各种属来说，蓝藻密度以个/mL 表示，附带预估的置信界限。然而，不同藻种的细胞大小大不相同，因此细胞数量并不能代表真正的生物量。例如，一个样品中同时存在微囊藻和裸藻，微囊藻的细胞计数可能比裸藻的高，但由于微囊藻细胞比较小，因此生物量可能要比裸藻低。在水生生态系统中，细胞体积法是估算藻类生物量的常用方法之一。

蓝藻的存在可引起水质风险，水体管理者需要了解以下信息。

（1）在种水平上鉴别蓝藻。将蓝藻鉴定到种，有助于确定这些蓝藻种类是否有潜在毒性和可能会产生的蓝藻毒素类型。毒素类型的判断用来确定处理厂入水口蓝藻存在的危险程度，以及使用的毒素分析技术。

（2）蓝藻密度。细胞密度，不管是用每毫升的细胞数还是用生物量表示，都能用类似表 2-4（第 2 章）的表格来估算原水中潜在的毒素浓度，也可在蓝藻应急预案的执行中应用（第6章）。

3.5.1.1　细胞直接计数和鉴定

细胞直接计数是将已知体积的样品浸满到一个透明小室，放置在倒置显微镜下进行鉴定和计数，结果通常以单位体积内的细胞数表示。另一种广泛使用的细胞计数方法是将已知体积的样品用硝化纤维素滤膜进行过滤，滤膜用油浸没并放置于显微镜载玻片上，完成细胞的形态鉴定和计数。分析完成后，如果要应用于应急预案中（第6章），细胞数目可转化为生物量。

将数码相机接入显微镜光路，便能在操作流程中实现更高级别的定量分析。相机拍摄的图片可用商业图像分析软件（如成像系统软件）进行处理。使用软件和图片有两个优点：①更高级别的文档记录；②当优势种为丝状藻时，简化生物量的定量化。直接计数的主要优势是定量化和藻类鉴定可同时进行；缺点是该方法较费力，并且必须由经过培训、有经验的专业人员来操作。作为折中，可将细胞直接计数法与更快、更廉价的间接测量蓝藻色素浓度方法相结合，并用直接计数法对结果进行检验。然而，这种方法对有着复杂立体结构（如项圈藻的螺旋细丝结构）的蓝藻的分析会出现一些错误，因此数码计数方法并不用作常规监测手段。

在种水平上鉴别藻类（如铜绿微囊藻和卷曲鱼腥藻）需要由有经验的专业分析人员完成。区分同一种的有毒和无毒藻株，从水质管理的角度来看是非常重要的问题，但形态学鉴定无法解决。图3-6列举了一些卷曲鱼腥藻的有毒和无毒株，说明了准确鉴别蓝藻的困难之处。专业的显微镜形态学鉴别，可以用分子生物学的方法进行补充或证实。这些方法涉及从蓝藻中提取 DNA、RNA 和蛋白质。可对提取物进行扩增和测序，把测序得到的序列和基因库中存在的序列进行比对来确定蓝藻种，以达到种级水平鉴定[55~57]。基因技术可用于确定水华中是否存在有毒蓝藻和蓝藻毒素[58~61]。随着实时 PCR 和微阵列技术等的快速发展，有助于建立一种野外有毒水华鉴别和毒性分析的快速有效方法，也可以实现实验室里多样品的快速测定[62]。在可能存在产毒蓝藻的水华中只有大约50%有毒，因此，对水华的毒性鉴定对于水处理厂的管理和蓝藻应急预案的执行具有重要的指导意义。

细胞计数的精度

计数精度表示重复测量（计数）时均值的可变性。精度随着生物体数目、

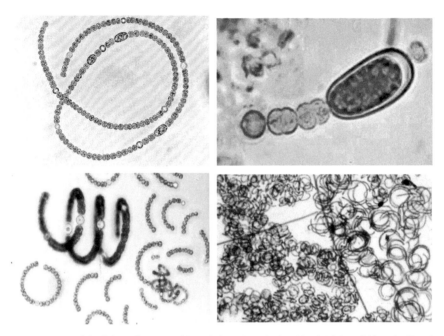

图 3-6　同一种卷曲鱼腥藻的不同株，其中一些可产毒。这说明用显微镜形态学观察来确定毒性比较困难

计数池内空间分布、群体或毛状体内细胞的异质性而变化。很多蓝藻种可形成毛状体，其细胞数目为 2～2000 个。这种情况下，计数精度和可靠性由直接计数的群体数（菌落或毛状体）决定，而不是计数的总细胞数目。

　　由于一些蓝藻种群如微囊藻会形成密集的立体细胞聚体，因此难以对其进行准确计数。当对丝状藻如束丝藻、拟柱孢藻、节旋藻、念珠藻、丝藻和浮丝藻进行计数时同样会产生一些问题，这是由于难以对丝状藻的细胞进行界定（图 3-7）。更多关于蓝藻细胞计数和鉴定的方法可以参考相关文献[53,63]。

　　假设在计数池内的计数单元（细胞、菌落或丝状体）服从泊松分布[64]，那么计数精度能用标准误差和重复计数均值的比例来定义。对于蓝藻计数来说，±20%～±30% 为可接受的精度范围。当对藻类样品进行连续批次的检测时，±30% 为可接受的精度范围；而在 ±20% 的精度下，可以检测到细胞数量统计学上的显著变化。只有实验室中的高水平分析技术，才能达到这种精度水平。

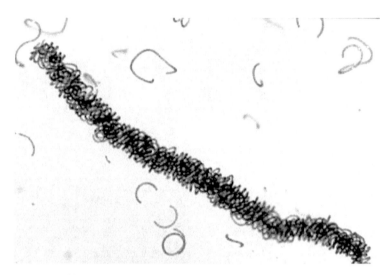

图 3-7　蓝藻计数的误差在很大程度上归因于细胞聚集成群体和丝状

3.5.1.2　色素浓度测定

叶绿素 a 是一种存在于蓝藻和真核藻类中的色素，而藻青蛋白是蓝藻种类特有的色素。通过过滤、分离等手段从细胞中提取色素，然后用荧光计或分光光度计（体外）进行测量，或省略提取和分离步骤直接用荧光计（体内）分析测定。叶绿素a激发和发射最大波长分别为 436nm 和 680nm，而藻青蛋白激发和发射最大波长分别为 630nm 和 660nm。因为提取通常需要过夜，所以体外测定方法的周期约为 24h。体内荧光的测定结果是即时的，一些体内荧光计可通过水流流过检测室来实现样品的实时测量。这些设备可安装在水处理厂的多个位置，或安装在水库中的船或浮标上，以悬浮探针的形式进行检测。最近的研究成果表明，使用这种液流荧光探针有助于蓝藻应急预案的执行[65]。相比于体外测量方法，采用液流设施来获取实时数据主要有两个缺点。首先，体外测量方法更加灵敏，可更早地监测蓝藻密度的变化。另外，体外测量方法可将未知样品荧光与已知的标准化合物荧光或吸光度作对比，对样品中的化合物进行半定量估计，而体内荧光测量不能直接对荧光化合物进行鉴别或定量。

色素法不能鉴别蓝藻，因此无法替代蓝藻的鉴定和计数方法，但是可以作为蓝藻细胞计数和鉴定的预判和辅助手段。

3.5.2　蓝藻毒素

当水源地中检测到潜在的产毒蓝藻时，需要进行毒性分析来确定其是否为产毒种。如果是产毒蓝藻种，则需要确定在水处理厂进水口的蓝藻毒素浓度。

越来越多的分析方法可用于微囊藻毒素的定性和定量测定，它们的检测方式、能提供的信息和复杂程度不尽相同[66]。关于这些方法完整的综述及评论，请参考报告《澳大利亚饮用水指导规则中蓝藻毒素鉴别和定量分析方法评价》[67]，以及一篇最近的国际综述《毒物：蓝藻监测与蓝藻毒素分析》[68]。水质与水处理研究中心的报告[60]对基于细胞检测蓝藻毒素的筛选试验做出了详细讨论[69]。表 3-3 列出了用于蓝藻毒素检测和分析的常用方法。

表 3-3　蓝藻毒素检测和分析的常用分析方法

毒素	分析方法	检测限（µg/L）	说明
微囊藻毒素	HPLC-PDA	0.5	通过 HPLC/PDA 检测微囊藻毒素，可得到微囊藻毒素的光谱，通过适当的浓缩和清洗过程可以检测到小于 1µg/L 的微囊藻毒素。
	LC-MS	<1.0，单型微囊藻毒素	如果条件允许，选择 LC-MS 用于饮用水检测
	PPIA	0.1	有用的筛选手段，易于使用，灵敏性高，相对于标准值检测限低
	ELISA	0.05	通过 ELISA 检测微囊藻毒素可得到半定量的结果
	小白鼠生物法	N/A	定性筛选试验
节球藻毒素	HPLC-PDA LC-MS PPIA ELISA 小白鼠生物法	0.5 <1.0 0.1 0.05 N/A	与微囊藻毒素相同（HPLC/PDA）检测微囊藻毒素的蛋白磷酸酶和 ELISA 试验，对于节球藻毒素筛选同样有用 定性筛选试验
柱孢藻毒素	HPLC-PDA LC-MS、 LC-MS/MS	大约 1.0	柱孢藻毒素可用 LC/MS/MS 检测（样品不需要提取和浓缩步骤） 半定量的筛选试验，能检测较低的毒素浓度
	ELISA 小白鼠生物法	0.05	定性筛选试验
鱼腥藻毒素-a	HILIC/MS/MS	<0.5	使用甲醇/甲酸 SPE 淋洗进行样品浓缩
蛤蚌毒素（麻痹性甲壳动物毒素）	（HPLC）柱后荧光衍生检测	取决于变种	采用柱后荧光衍生检测法可确定蛤蚌毒素的检测限（来源于澳大利亚产神经毒素的卷曲鱼腥藻），测试样品无须浓缩。 半定量的筛选试验。可检测低浓度的蛤蚌毒素。一些类似物交叉反应性较差
	ELISA 小白鼠生物法	0.02	定性筛选试验

注：HPLC，高效液相色谱；LC，液相色谱；PDA，光电二极管矩阵；MS，质谱分析；PPIA，蛋白磷酸酶抑制试验；ELISA，酶联免疫吸附测定；HILIC，亲水性液相色谱法

　　蓝藻毒素分析技术，包括分别建立在酶联免疫吸附测定（ELISA）试验和酶活力（蛋白磷酸酶抑制，PPI）试验的免疫学及生物化学上的筛选方法，建立在高效液相色谱上的定量色谱技术，以及更加复杂的（并且更贵）液相色谱-质谱法（LC-MS、LC-MS/MS）的定量色谱技术。动物试验（小鼠测试）和某些情况下建立在分离细胞系上的试验，也可用于筛选全部毒素。

　　最常用的蓝藻毒素检测方法是联合荧光二极管矩阵的高效液相色谱法或液相色谱-质谱法（HPLC-PDA 或 HPLC-MS）。蛤蚌毒素分析方法在不断发展，这些方法以高效液相色谱和荧光检测或质谱法（HPLC-FD 或 LC-MS/MS）为基础。虽然目前这项技术还没有广泛应用于蓝藻毒素分析，但这种基于液相色谱柱前衍生法[70]、用于测定来源于甲壳类动物的蛤蚌毒素的方法是唯一得到国际上官方分析化学家协会（AOAC）认可的蓝藻毒素分析方法。对于柱孢藻毒素的测定，推荐使用液相色谱串联质谱法（LC-MS/MS），也可参照微囊藻毒素用 HPLC 进行分析。测定鱼腥藻毒素-a，通常采用亲水性液相色谱串联质谱法（HILIC-MS）。

　　由于 ELISA 和 PPI 试验特别灵敏，需要对高浓度的浮渣样品进行稀释，而大部分仪器分析技术，需要在定量测定之前对样品进行预浓缩。

　　蓝藻毒素分析的另一个重要方面是测定胞内毒素的比例。蓝藻毒素具有水溶性，释放到胞外或存在于细胞内。各阶段蓝藻毒素的含量比例取决于蓝藻种类、健康状况及其所处生长周期的阶段。例如，生长良好的铜绿微囊藻在指数生长阶段时，98%～100%的毒素存在于细胞内，而在水华消退时，大部分的毒素可能被释放到胞外呈溶解状态。与此相反，即使是生长良好的拟柱孢藻细胞，其胞外毒素含量也能达到 100%。胞内毒素比例的测定对于通过水处理工艺（第 5 章）降低水质风险有着重要的启示，如果可能有高浓度的有毒蓝藻进入处理厂，胞内毒素占比应成为监测方案中不可缺少的部分。

　　表 3-3 总结了目前分析不同类别毒素的技术方法、检出限值及其他应考虑的问题。

　　表 3-3 中描述的技术，其检测限值可能会因为检测标准和使用的仪器而不同。对于毒性分析，认证标准的有效性是一个世界性问题，并且影响着结果的精确度和可靠性。

　　还有其他一系列用于筛查和分析的方法，包括神经母细胞瘤毒性试验、用于蛤蚌毒素测定的麻痹性蛤蚌毒素受体蛋白试验和单相 HPLC 法，以及柱孢藻毒素的蛋白质合成抑制试验。

3.6　蓝藻生长影响因素的测定

3.6.1　温度

蓝藻的生长速率随温度变化而变化。当温度超过 15℃时，蓝藻的生长速率增加；当超过 25℃时，大部分蓝藻的生长速率达到最大；而在低温状态时蓝藻也会增长[71]。普遍认为蓝藻生长的最适温度高于绿藻和硅藻，所以温度较高时，蓝藻会成为水体中的优势藻类。不过有一种理论认为，蓝藻喜高温是由于高温通常造成热分层现象，而热分层才是促进蓝藻生长的主要因素[72]。因此，应测量不同水深的水温来确定水体分层的程度。以上工作可在常规取样时完成。热敏电阻可远程使用，将在更短的时间间隔内收集的数据发回给操作员。这些系统可以耦合气象站风力、太阳能辐射量、温度和湿度的测量，并将这些数据整合应用于水动力学建模。将水库的水动力学信息与浮游植物细胞计数和营养盐数据相结合，可用于分析导致蓝藻密度增加的原因。

3.6.2　磷

磷是蓝藻生长的必需元素及限制成分，磷浓度水平对于确定产毒蓝藻相关的潜在风险非常重要（第 2 章）。在任何水库的长期管理计划中，都必须控制磷的变量，以减小水华形成的概率（详见第 2 章）。磷在水体中以磷酸盐的形式存在，可以通过测定总磷或溶解性磷（可滤过、可溶、可反应磷酸盐，过滤后测定滤液）来代表其浓度。

3.6.3　塞氏盘深度

水体中蓝藻可接受的光照量，受浊度、分层、颜色和紫外传输（由天然有机物的类型和浓度决定）的影响。在给定的水体中，光照条件决定了蓝藻在与其他浮游植物竞争中占优势的程度。光透射进入水体，对于底栖蓝藻的生长也十分重要，水体透射能力越强，底栖蓝藻越能在更深处生长。

通常来说，能发生光合作用的区域称为透光层。按照这个定义，透光层可以从表面延伸到只能测到1%表面光强度的深度。透光层可用塞氏盘测量的透光率来估算,为塞氏盘深度读数的2~3倍。能通过气囊调节浮力的蓝藻,可移动到不同深度,寻找最佳的光照条件。

3.6.4 pH 和溶解氧

水库中 pH 和溶解氧的测量可作为蓝藻存在的间接指示。生物体白天进行光合作用,消耗溶解的二氧化碳并产生氧气。当蓝藻浓度足够高时,可引起 pH 和溶解氧的昼夜变化。

3.6.5 浊度

浊度表征水散射光的趋势;浊度越高,水对光的散射程度越大。这项水质特征和悬浮物浓度呈正相关关系,悬浮物包括潜在的蓝藻。源水浊度的常规检测,应考虑在各点位建立浊度与其他蓝藻水华指示指标间的联系,有助于早期预警指标的制定。

3.6.6 颗粒物

颗粒物为悬浮在水中的有机或无机固体物质,其浓度可通过仪器直接测量。仪器将不透光度与样品中颗粒物的大小和数量进行关联。相比起浊度计,颗粒计数器的主要优势是能给出详尽的粒径分布数据。

第4章　水源管理与控制

4.1　背　　景

本章我们将讨论有关水体蓝藻控制的管理策略，这些管理策略是在已解决外部流域营养盐输入问题（第2章）的基础上予以制定的。

很多技术可以在水库中控制蓝藻生长并将其生长速率降到最低。这些技术主要有：物理控制方法、化学控制方法和生物控制方法。

本质上，这些管理策略的重点是控制影响蓝藻生长的因素，或者直接将蓝藻杀死。近来，Cooke 等全面地总结了相关管理策略[73]。

表 4-1 总结了能应用于河流或湖泊蓝藻管理的方法。最常使用的技术将在随后章节详细描述。

表 4-1　蓝藻管理技术

控制方法	技术
物理方法	
	人工去分层、曝气、混合
	引水来减少停留时间
	刮去沉积物来去除底栖藻类
	降低水位使底栖藻类脱水去除
	移除沉积物来减少营养物质释放
化学方法	
	沉积物"固磷"
	除藻剂、抑藻剂
	混凝
	深层曝气
生物方法	
	病毒、细菌感染
	生物调控（增加捕食或对可利用光和营养盐的竞争）

4.2 物 理 控 制

4.2.1 混合搅动技术

水库在持续高温时期，上层水水温升高减少了水体上下层的混合，从而形成水体的分层（见第 1 章）。水体分层后，靠近水体底部沉积物的均温层因缺少氧气，导致氨、磷、铁和锰等污染物以溶解态形式从沉积物中释放出来，营养水平增加，从而引起蓝藻无限制地生长。相比于其他蓝藻，微囊藻属和鱼腥藻属对水体分层更为敏感，借助于其内部气囊的浮力，它们可以在水体中垂直移动，不仅能利用水体表面的光照，还能从水底沉积物附近获取更多的营养物质。水体搅动则会抑制这种效应，限制蓝藻营养盐的摄入，从而限制蓝藻的生长。另外，氧气引入均温层后，阻止了营养物质的进一步释放，引入的氧气也可能会增加到足以使营养物质再次沉淀的水平，有时这可以阻止产毒蓝藻形成表面浮渣。水体的混合状态更有利于硅藻等竞争生物的生长。很多情况下，水体的人工搅动对于蓝藻的控制是有效的[74~76]。

两种最常用的人为打破水体分层的方法是气泡羽流曝气和机械混合。

4.2.1.1 气泡羽流曝气

气泡羽流曝气装置通过一个靠近水库底部的扩散软管曝气，随着气泡上升，会携带着水产生一个上升的羽流。羽流上升到水面后，水回流到等效密度的深度。在这个深度上，有水流自羽流向外水平方向扩展。外侵的水流在水库水体中移动，会在其上方和下方产生回流，环流圈使表层水和深层水或者均温层混合。图 4-1a 描述了这种效应。

水层深度、分层的程度和气体流速决定着气泡羽流的效率。在曝气装置设计中，必须考虑到羽流数目、羽流相互作用和实现特定水体去分层所需曝气软管的长度。一般来说，在较深水层中，气泡羽流更加有效。在浅型水体（深度小于 5m）中，为了保证处理效果，羽流的气流速率必须非常小。

4.2.1.2 机械混合

机械混合器通常是在水体表面安装，通过搅动使水从表层到深水层，或从水

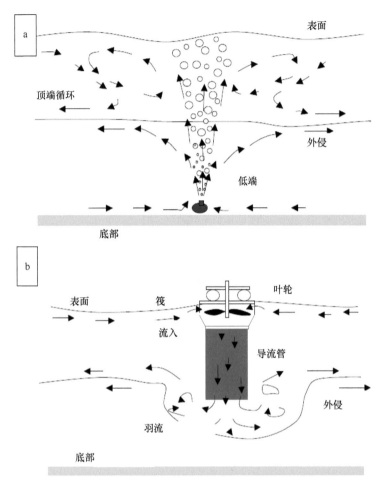

图 4-1　水库中气泡羽流装置产生的循环流动区域（a）和表面安装的机械混合器（b）

底到水面运动，产生简单的混合效果，图 4-1b 对此进行了说明。

　　这两种去分层的方法均能对靠近混合装置的表层区域进行混合，但是离混合区较远的水体仍然保持分层，为蓝藻生长提供了适宜的环境。因此，可以考虑在同一水体中同时使用这两种方法，曝气装置在水底部产生环流圈，而混合器在曝气装置影响不到的表层水体发挥作用。南澳大利亚州的 Myponga 水库采用过这种方式，并取得了一定成效。

　　想要利用人工去分层法有效地打破水体分层，水体必须有足够的深度且至少能有效混合 80% 体积的水体。如果水体中浅层区域占的比例较大，蓝藻有可能会在这种容易分层的水环境中繁殖和积累[77]。因此，对于特定水体，采用合适的混合方法很重要。Schladow [78]详细描述了一种去分层系统的设计方法，并应用于受蓝藻水华影响的水体。

图4-2为南澳大利亚州Myponga水库在使用机械混合和曝气。

图4-2　Myponga水库应用的机械混合器（左）和曝气装置（右）

去分层方法通常在春末、夏季和秋季使用，这取决于上述时期内水表面的受热量。使用去分层装置时，可以参考温度的历史数据。有规律的温度曲线将会提供水库水体的混合程度信息。最复杂的去分层系统为基于在线电热调节器发回的数据自动调节压缩机气流流速。

4.2.2　河水流量的调控

河水的低流量状态会使河水分层，从而导致蓝藻生长。在可控的河流中，可通过调控放水量及时间，每隔几天就打乱水体分层，从而控制蓝藻生长。Bormans和 Webster[79]建立了流量的调控标准，通过流量的调控打破水体分层来抑制蓝藻生长。很显然，必须有充足的水量，这项管理策略才能应用，并且还要考虑到水体流速及流量变化对其他水生生物的影响。

4.2.3　其他物理方法

很多有害蓝藻能在水体表面形成浮渣，可用撇油器移除蓝藻，一般排到下水道或填埋。图 4-3 展示了南澳大利亚州的休闲娱乐湖泊使用撇油器来移除表面浮渣。Atkins 等[80]用聚合氯化铝混凝，结合使用撇油器来移除表面浮渣，对澳大利亚珀斯的 Swan 河严重的蓝藻水华进行了处理。

图 4-3 南澳大利亚州休闲娱乐湖泊中用撇油器去除表面浮渣。有毒物质收集后排入下水道。

底栖蓝藻可使用物理方法来处理，如先降低水库水位，而后使附着在沉积物和岩石的藻类脱水或刮除。然而，这些方法可能达不到预期的效果。最近有研究表明，底栖蓝藻可以耐受脱水[81]，并且刮除法和其他物理方法会使水体浑浊，局部还会出现气味混合物和毒素峰值，如果处理的地点离水厂的取水口较近，还会对饮用水处理造成不利的影响。

图 4-4 展示了进行脱水控制时，水库水位下降后暴露的底栖蓝藻。

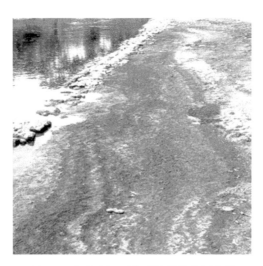

图 4-4 水库水位下降后暴露的底栖蓝藻

如果水体营养水平的升高是由沉积物释放导致的，则可用物理方法去除沉积物。然而这需要消耗大量劳动力，并且只是短期内有效，因此该方法只适用于外部营养盐输入已明显降低的情况。

4.3　化　学　控　制

4.3.1　营养盐的化学控制

4.3.1.1　均温层氧化

均温层氧化的目的是在不干扰水体现有分层的情况下，在深水层增加氧的浓度来阻止或减少沉积物中营养盐的释放。这样水体上层营养盐的水平将会限制蓝藻生长。为了实现均温层氧化，可使用的技术包括气动提升泵、侧流氧化和直接注入氧气[82]。这些技术相对较昂贵，所以有必要广泛了解湖泊的水动力学、沉积物营养盐释放速率及对营养盐总负荷的内源、外源贡献，来决定这是否是最有效的管理方式。

4.3.1.2　磷沉淀和覆盖

将水体中的磷沉淀到沉积物中，以及对沉积物进行处理以阻止磷的释放（有时称为沉积物覆盖），是两种已成功混合应用的方法。

文献表明，可用硫酸铝、氯化铁、硫酸铁、黏土颗粒和石灰对磷进行沉淀。处理方法是否有效，在很大程度上取决于水动力学、系统内的水质状况和化学过程，因为当沉积层附近的水体扰动和氧化条件有所改变时，磷可以重新悬浮或重新溶解于水体中。

通过在沉积物表面添加覆盖层，来吸附或沉淀营养盐以阻止磷释放的方法包括：氧化成不溶性含铁化合物，或吸附到沸石、铝土矿提炼残渣、镧改性膨润土、黏土颗粒和方解石上。再次强调，其中的化学过程和其他条件对这些方法能否成功有重要影响[77]。

最近利用一些商业化的产品进行磷沉积和覆盖已开始更普遍地使用。最广为熟知的是镧改性膨润土（固磷剂），它经过特别设计，可以将磷固定在黏土中，在水生生态系统中大部分条件下都不会释放[83]。少数研究指出，在很多环境条件包括还原状态下，这种固磷剂都是有效的。需要考虑的问题是使用剂量和使用寿命，这由当地的水化学条件决定。

4.3.2　蓝藻的化学控制

4.3.2.1　混凝剂

混凝剂能使蓝藻细胞沉淀到水体底部。不能接触到光，藻细胞便不能繁殖，最终会死亡。有些混凝剂能用来混凝细胞，包括硫酸铝、铁盐（氯化物或硫酸盐）、石灰或石灰和金属混凝剂组成的复配混凝剂。尽管有报道称混凝不会造成细胞损伤，但经过一段时间后，混凝后的细胞会变得脆弱，然后破碎或溶解，最后释放蓝藻代谢物[84]。因此，除非将混凝后的细胞从水体中去除，否则混凝除藻会使水中溶解的毒素增多。

4.3.2.2　杀藻剂

杀藻剂是能在水体中杀死蓝藻的化合物。受损或死亡的细胞会很快裂解，释放蓝藻毒素到水体中，因此该方法通常用在水华早期阶段，此时蓝藻数量较少，释放到水体中的有毒化合物可以在水厂的处理工艺中有效去除（见第 5 章，溶解性毒素的去除）。与其他应用于饮用水的化合物一样，杀藻剂的使用也要考虑到一系列问题，具体如下。

（1）计算最低化学药剂残留情况下，杀死蓝藻需要的浓度。

（2）根据施药地点和施药模式（如船只投药、飞机喷雾）选取最为有效的使用方法。

（3）投加高效杀藻剂对水体当前生态系统的影响。

（4）杀藻剂在沉积物中的积累。

（5）残留杀藻剂对水处理厂的影响（原水中残留的铜在传统水处理工艺中会被混凝并污染废物流）。

表4-2中列出了已被用作杀藻剂的化学品及描述杀藻剂特性和效力的主要文献。

表 4-2　杀藻剂的化学式和主要文献（[85]之后）

化合物	成分	参考文献
硫酸铜	$CuSO_4 \cdot 5H_2O$	86～89
铜 II 链烷醇胺	Cu alkanolamine $\cdot 3H_2O$ [++]	90
乙二胺铜混合物	$[Cu(H_2NCH_2CH_2NH_2)_2(H_2O)_2]^{++}SO_4$	90
三乙醇胺铜混合物	$Cu N(CH_2CH_2OH)_3 \cdot H_2O$	90
柠檬酸铜	$Cu_3[(COOCH_2)_2C(OH)COO]_2$	91, 92
高锰酸钾	$KMnO_4$	93, 94
氯气	Cl_2	93
石灰	$Ca(OH)_2$	95
大麦秸秆		96, 97

1. 铜类杀藻剂

铜类化合物常用于蓝藻的化学控制。高浓度铜离子的氧化能力，被认为可以引起细胞膜破损，使细胞裂解，从而破坏蓝藻细胞。多种因素综合决定着铜作为杀藻剂的有效性。化学因素如水体 pH、碱度和溶解性有机碳（DOC）控制着铜的形态和络合作用，影响着铜的毒性。热分层现象可影响铜在水体中的分布，进而可能会影响铜与藻之间的接触。

一定要注意铜的投加可能带来的环境效应。铜对非靶向生物如浮游动物、其他无脊椎动物和鱼等有毒性[98]。铜也是杀菌剂，会导致各种有益菌死亡，包括那些可降解蓝藻毒素的细菌。铜在湖泊沉积物和污水处理厂的污泥中也会积累[99,100]。由于杀藻剂对环境的不利影响，很多国家都有国家或地方性规范来控制杀藻剂的使用。

在铜类杀藻剂中，硫酸铜是最常使用的。表 4-3 列出了硫酸铜对一些蓝藻的相对毒性。

表 4-3　硫酸铜对蓝藻的相对毒性（根据 Palmer[88]进行修改）

群组	极易受影响	易受影响	耐受
蓝藻	鱼腥藻属 微囊藻属（组囊藻属） 束丝藻属 束球藻属 胶须藻属	柱孢藻属 浮丝藻属 （颤藻）属 织线藻属	念珠藻属 席藻属

　　硫酸铜的投药方法有很多种，最常见的是在机动船两侧或后面向水体投加干燥的颗粒硫酸铜。与其他农业上的化学品类似，硫酸铜也采用传统的空中喷洒方式。硫酸铜的使用方式会对其在水体中的分布产生重要影响，最终会影响到其毒性及能否成功杀藻。投药时，应尽可能地覆盖到水库的整个水面，蓝藻可能积聚的较难进入的浅水区也不要遗漏。图 4-5a～c 展示了通过船只投加硫酸铜的过程。

　　水库水位下降之后，硫酸铜可同样用于治理底栖蓝藻（图 4-5d）。

图 4-5　水库中投加硫酸铜（a～c）和水库水位下降后处理底栖蓝藻（d）

　　硫酸铜的有毒成分是铜离子。投药后活性成分的有效浓度，由上文提到的水质参数决定。例如，铜离子会很快和水中天然有机成分络合，使其杀藻效力降低。

　　长期以来我们已经意识到，在硬碱性水中硫酸铜的杀藻效力会降低[88]。在这种条件下，使用螯合铜类杀藻剂可以避免络合和沉淀作用造成的铜效力损失。螯合铜类杀藻剂主要有乙醇胺铜、乙二胺铜和柠檬酸铜（表 4-2），Humberg 等[90]给出了上述杀藻剂的化学特性和施用量。这些螯合杀藻剂可以以液体形式使用，有些情况下也会生产成粒状形态。

柠檬酸铜在美国已用作杀藻剂[91]，既可投加制造的成品[101]，又可投加硫酸铜和柠檬酸[91]。报道称，柠檬酸作为螯合剂可增加铜的溶解性，并使其在碱性条件下长期保持溶解状态[102]。

螯合的铜类化合物通常比硫酸铜更贵一些，然而相比起硫酸铜，它可以在溶液中更长期地维持铜离子溶解状态，因此要比硫酸铜更有效力。与其他化学品相同，其杀藻效力在很大程度上取决于使用的方式和水质状况。可惜的是，尽管螯合的铜类杀藻剂已广泛使用，但对于水化学对其杀藻效力的影响还知之甚少。

2. 其他杀藻剂

高锰酸钾：20世纪80年代，北美公共事业的调查结果显示，少数水库中高锰酸钾被用作杀藻剂[94]。Fitzgerald[94]发现，控制蓝藻和其他藻类需要的剂量是1～8mg/L。

氯气：氯气主要应用在水处理工艺中控制藻类，但在水库水体也有应用[87]。有效投加剂量明显取决于水体中的需氯量，但报道称，大部分藻类可在0.25～2.0mg/L[87]的游离氯条件下实现控制。

过氧化氢：过氧化氢可选择性地杀死蓝藻，而不杀死绿藻等其他浮游生物[103]。最近美国开发出了一系列稳定的过氧化氢化合物，可作为带来环境问题的铜类杀藻剂的替代物。有些制造商已经将这些化学品加进美国国家环境保护局的列表中，并注册成为可用于饮用水水库的杀藻剂。配方中包含固体颗粒的过碳酸钠（过氧化碳酸钠水合物），能直接施用于水体，释放碳酸钠和过氧化氢。过氧化氢进一步分解为羟自由基，导致细胞膜和细胞生理过程的氧化性损伤。

4.3.2.3 杀藻剂和其他化学控制方法带来的问题

在使用化学方法控制有毒蓝藻之前，应全面了解化学药剂的使用会带来的环境和实际问题。

最常使用的杀藻剂——硫酸铜会带来严重的生态影响，只能在具备特殊水质条件的供水水库中使用，即使这样，硫酸铜也不能保持长效。杀藻剂会带来不利的环境效应，因此很多国家都有国家或地方性环境法规来禁止或限制杀藻剂的使用。在制定水源地管理策略时，应考虑到这一点。

正如前面提到的，杀藻剂可使细胞壁破碎，而后蓝藻细胞内代谢物快速释放，导致蓝藻毒素在数小时内扩散到全部水体。在饮用水处理工艺中，一定要有进一步的措施来去除这些溶解的代谢物（见第 5 章，溶解性蓝藻毒素的去除）。如果可以，水库在使用杀藻剂后应隔离一段时间，让毒素和气味分解。如果是在水华发生期间进行杀藻，采取隔离处理尤其重要。遗憾的是，在水体重新开始使用之前，难以确定一个最小停用时间，因为毒素的降解取决于当地的环境条件（如温度、微生物活性），但一般都要超过 14 天[104]。许多微生物已被证实能够有效降解几种主要的蓝藻毒素，包括微囊藻毒素和柱孢藻毒素[105,106]。然而，总藻毒素降解的时间由环境条件决定，时间为 3～4 天到数周或数月[107]。因此，水体经过杀藻剂处理后，必须监测水体中残留的毒素含量。

一般来说，微囊藻毒素较易在几天到几周内降解[105,108]。柱孢藻毒素可在水体中存在较长时间，它的降解依靠水库中含有柱孢藻毒素降解所需酶的微生物[106]。然而，在经常监测到柱孢藻毒素的水体中，其降解速率也相对较快[109]。

目前，还未证实蛤蚌毒素可被细菌降解，如果加杀藻剂来处理由卷曲鱼腥藻引起的水华，那么必须制定水处理策略来专门去除溶解性毒素[110]。此外，虽然蛤蚌毒素无法生物降解，但它可通过生物转化作用，从低毒性形式变为毒性更强的变异型[111]。

4.4 生 物 控 制

蓝藻的生长可通过调控水库或湖泊当前的生态系统来减缓，可主要通过以下途径。

（1）增加可捕食蓝藻的生物体数量。

（2）加强营养盐的竞争来限制蓝藻生长。

生物调控通常分为"自下而上"（营养盐控制）和"自上而下"（增加捕食）。

4.4.1 增加捕食压力

促进以蓝藻为食的浮游动物和底栖动物的增长，采用这种方法可以有效地限制蓝藻增殖。文献中报道的方法有：①减少以浮游动物和底栖动物为食的鱼类数量，或引入这些鱼类的捕食者；②营筑能促进有益生物生长的环境。

4.4.2 引入大型植物加强竞争

在中等水平磷浓度的相对较浅水体中，大型植物的引入能限制可利用磷量，从而限制蓝藻生长。当同时使用其他措施时，如控制鱼的种类和数目，大型植物的引入可以改善水体浊度，抑制蓝藻生长[77]。图 4-6 展示了在严重污染的水体中引入水生植物，尽可能地降低营养盐水平，提升水质。

图 4-6　严重污染的水体中引入水生植物来降低营养盐水平，提升水质

4.4.3 其他生物策略

应用细菌、病毒、原生动物和真菌等微生物来控制蓝藻的可能性，已在实验室规模上展开了研究。尽管取得了小规模的成功，但大规模使用还未尝试，因为存在一系列问题，如培养大量微生物相对困难，并且蓝藻有可能会对这些微生物感染产生免疫力。

4.4.4 实施引发的问题

实施生物调控的难度很大，因为有很多相互作用的因素影响着水体生态。人为地改变水生生态系统的生物多样性，可能会对其他生物和水质指标产生意想不到的影响。此外，不间断地采用生物策略，需要对其不断地监测和调整，因为该水生生态系统很可能会重新调整回原先的生态结构[77]。

4.5　其他方法

4.5.1　大麦秸秆

自 20 世纪 90 年代早期以来，通过降解大麦秸秆来控制藻类就成为了重要的研究主题[96,97,112,113]。实验室研究已证明了秸秆对绿藻和蓝藻的杀藻效果。对于观测到的杀藻效果有如下解释：降解秸秆的真菌产生了抗生素，或秸秆细胞壁降解释放了酚类化合物，如阿魏酸和 p-香豆酸[97]。尽管在水库中使用秸秆证实了以上实验室结果[113,114]，但有些试验没有明显效果[115,116]。

由于大麦秸秆费用相对较低且使用简便，英国许多水库和大坝已有应用，并取得了较好效果。由英国水文和生态中心、国家环境调查委员会和水生植物管理中心编制的报告里，详细阐述了许多水体使用大麦秸秆控制蓝藻的实施方法和机制[117]。

由于该方法成本较低和作为一种自然处理方式的吸引力，一些水务管理局已经开始应用这个方法，但是 Chorus 和 Mur[77]并不建议使用该方法，因为秸秆在分解过程中可能产生一些未知的化合物（可能有毒或产生气味），并会消耗水中的溶解氧。

4.5.2　超声

超声已经成为了许多研究的焦点。超声可以限制蓝藻的生长[118]，同时会破坏蓝藻的伪空泡[119]使其沉淀，其处理效果取决于超声的功率和时长。超声的效果因蓝藻的种类而异[120]。有报道表明，在水塘中使用超声，可成功抑制蓝藻增殖，而未暴露于超声中的对照组则未观测到此效果[121]。超声控制蓝藻的研究仍处在起步阶段，并且很显然在大型水体中应用超声也存在技术障碍，然而更深入的研究工作将会显示出，它是一种有效的无需投加化学药品的控制方法。

第5章 水处理工艺毒素去除

若采取前文管理措施之后，有毒蓝藻水华仍有发生，可参考如下方法将供水中的毒素水平降至最低。

（1）使用未受蓝藻毒素污染的备用水源。

（2）通过调节取水口位置来阻止蓝藻和蓝藻毒素进入供水系统。

（3）通过水处理技术来去除蓝藻细胞及毒素。

本章主要关注蓝藻细胞及蓝藻毒素的去除。但是对于许多水处理厂来说，第一步要做的是在水源地调整取水口位置，以期进入水处理设备的蓝藻数量最小化。

5.1 取水口控制

许多蓝藻能够调节自身浮力，使其可以长时间停留在水体中某个特定的深度范围。第3章描述的一种综合监测系统能够提供这方面的信息。如果水处理厂有能力从不同的深度取水，那么就可以避开蓝藻浓度高的区域。但是，有利于蓝藻生长的水体条件（如热分层、缺氧均温层）也会有利于水体沉积物中铁、锰的释放，所以必须谨慎调节取水口的高度以同时避免较高浓度的蓝藻细胞和铁、锰物质进入水厂，但是同时避免较高浓度的蓝藻细胞和铁、锰物质的目标很难同时实现。

5.2 蓝藻细胞的去除

健康的蓝藻细胞含有大量蓝藻毒素或异嗅物质，但是它们大多都被限制在细胞内部。例如，95%的毒素存在于健康的铜绿微囊藻（*Microcystis aeruginosa*）细胞内部，而大约半数或半数以下的毒素存在于健康的拉氏拟柱孢藻（*Cylindrospermopsis raciborskii*）细胞内。因此，较高的蓝藻细胞密度会导致水体中含有较高浓度的蓝藻毒素。去除高浓度蓝藻毒素最有效的方法是实现蓝藻细胞的完整去除，不对其细胞造成损害。处理过程中对蓝藻细胞的任何损害都能导致胞内蓝藻毒素的释放，从而增加水处理厂进水水源中可溶性毒素的浓度。考虑到传统的处理工艺难以实现可溶性毒素的有效去除，因此我们的目标是要使进入水处理厂的毒素含量最小化。

完整地去除蓝藻细胞及其胞内蓝藻毒素应该是处理蓝藻的首要目标。目前大多数水处理工艺首要关注的是悬浮微粒的去除，所以，第一步需要对现有的悬浮微粒去除工艺进行优化，同时探明工艺运行期间导致蓝藻细胞破裂进而释放胞内毒素的机制。

5.2.1　预氧化

我们不推荐在含有潜在毒性蓝藻的水体中使用预氧化技术。化学氧化会对蓝藻细胞造成不同程度的影响，包括对细胞膜的轻微损害到细胞死亡和裂解[122]。虽然有文献报道在水处理厂进水口处采用氧化工艺能通过许多机制提升蓝藻细胞的混凝效果[123]，但是这会导致细胞破损并向水中释放溶解态毒素的风险增大。如果一定要在含有蓝藻细胞的水体中使用预氧化，一定要保证氧化剂足量，既满足氧化水中蓝藻细胞的需求，剩余的氧化剂量还需保证足以破坏水体中的溶解性毒素（见后文关于溶解性毒素的去除）。如果使用的氧化剂量不足，可溶性毒素和有机碳进入水处理厂的风险就会提高，从而对之后的去除工艺产生不利影响。但是，这种影响取决于氧化剂的种类及其对特定蓝藻种类的作用。例如，Ho 等[124]近期的研究工作认为，当使用中等剂量水平的高锰酸钾时，其氧化能力不会损害卷曲鱼腥藻（*Anabaena circinalis*）细胞，也不会导致土嗅素和蛤蚌毒素的释放。如果必须要实施预氧化技术，建议首先在实验室进行预实验，明确氧化剂对水处理厂进水中蓝藻细胞产生的影响。

5.2.2　微过滤

微过滤是一种可用来去除微粒（包括蓝藻及其他藻类）的技术。微过滤器使原水通过一种合金钢丝网或者塑料布做的网状材料，从而将固体物质从原水中分离。根据孔径的大小，这些网状材料可以作为过滤器来去除高浊度物质、浮游动物、藻类等，或者作为一种细筛来去除较大的颗粒。微过滤器由一种水平安装、缓慢转动的转筒及其侧面的网状材料组成。微过滤器的一侧是密封的，另一侧允许水进入和截留颗粒物流出。水从微过滤器中心流入，通过侧面的网状材料流出。转筒的顶部保持在水位之上并在外部通过水射流持续地清洗。筛后的颗粒物收集在转筒内部靠近顶端的悬浮水槽中。水槽中的截留物进一步分离，固体物质进行处理，分离水流回原水体。

微过滤技术被用来去除地表水中的矿物质和生物固体。它经常作为慢沙过滤或混凝的前处理工艺来使用，对于水质非常好的水体，微过滤可以作为消毒前唯一的处理工艺。微过滤技术能有效地去除丝状或多细胞藻类，但是对小型及单细胞藻类的去除效果一般。

5.2.3 河堤、慢沙生物过滤

河堤过滤是一种简单且有效的水处理工艺，在世界部分地区的应用十分广泛。利用河流附近的钻井，将水源从河流中抽出，水源在流经由沙子、沙砾或石子组成的河堤时得到了有效的过滤，包括蓝藻在内的各种藻细胞在这一过滤工艺中均得以去除。许多可溶性污染物也能通过沙子或沙砾表面生物膜的吸附作用或生物过程得以有效去除，其主要发生在滤料表层的几厘米厚度范围内。在这一过程中，可溶性毒素也能被有效去除[125]。此外，河堤过滤受到一系列条件的影响，从河流到钻井之间的行程时间短到几小时，长达几个月。如果行程时间短，则该工艺的处理过程与慢沙过滤相似。

注意事项

慢沙过滤（SSF）能够有效地去除藻类细胞（去除率在99%以上）及其毒素。慢沙滤池中的生物降解作用也可能去除一定的胞外毒素。慢沙滤池上部水中藻类的生长是该工艺现存的一个普遍性问题，若其中优势藻为蓝藻，则该过程还会伴随蓝藻毒素的产生。

总体来看，慢沙过滤的良好效果取决于以下几个因素。

1）进水水质

进水水质对于其处理效果十分关键。总体来说，水的浊度大于10NTU能够降低运行时间。除此以外，原水中藻细胞密度过高能导致沙子上藻类过量生长，从而迅速阻塞滤池，缩短滤池运行周期。这些问题可以通过预处理技术（如粗滤器、微过滤器），或者遮盖整个滤池来减轻或避免。

2）过滤速度

滤床的水头损失及累积水头损失率，都会随着过滤速度的增加而增加。当过滤速度恒定时，慢沙过滤的效果最佳，避免过滤速度突然大幅度的改变（±20%）能够保证滤液的质量。

3）沙子更换

所有的滤池都应该轮流更换沙子，以使出故障的滤池数量最小化，从而防止给其他滤池造成过量的负载。沙子更换包括去除生物膜层及最上部 1～2cm 处的沙子，可手动或者利用更为常用的机械刮刀进行去除。余下的滤床的深度不应该小于 0.3m，然后用干净的沙子将滤床深度恢复到 1～1.5m。

4）滤池重新启动

滤池重新启动后，需要经历几天的生物膜成熟期滤池才能恢复原来良好的性能。在补沙后或者在低温条件下也许需要更长的时间。为了防止过多的固体颗粒穿过新填充的滤床，过滤速度应该在随后的三四天内逐步增加，起始速率小于 0.1m/h。重新启动后，前几天的滤液需要排放入废水区或者其他滤池的进水口。

有关慢沙过滤去除蓝藻毒素的专业信息很少，因为实验室很难模拟生物活性滤膜层，所以该部分实验并不适用于实验室环境。

河堤过滤在行程时间内涉及一系列的环境因素，河流到钻井之间的行程时间短则几小时，长则几个月。如果行程时间很短，那么它的去除机制及效率与慢沙过滤相似，由于流动河水的剪切力，沿河岸一般不会形成滤膜，因此并不需要常规的沙子更换。在这种环境条件下，大多数胞内毒素会在源水中被去除。如果行程时间很长（几天到几个月），胞外蓝藻毒素也会有一定的降解，将其与周围饮用水水井中的地下水混合则会进一步减小蓝藻毒素浓度。

5.2.4　常规处理

在混凝工艺中，混凝剂和其他化合物对蓝藻的混凝效果在很大程度上取决于蓝藻的种类和形态（如单细胞、丝状体等，详见第 1 章）。因此，有关混凝去除蓝藻没有统一的指导方案，但是如下这些一般性建议对优化混凝去除蓝藻是十分有帮助。

对于含高浓度蓝藻细胞的原水，基于对常规水质参数（包括浊度、溶解性有机碳的去除）的混凝条件进行优化，便能获得蓝藻细胞和蓝藻毒素的最佳去处效果[126]。文献中关于高效混凝剂（聚合电解质等）的报道存在矛盾，所以第一步要做的是优化现有工艺。文献中有关混凝工艺是否会损害蓝藻细胞的报道也相互矛盾。在混凝过程中是否会对蓝藻细胞造成损害取决于细胞的健康程度及蓝藻细胞的生长阶段。自然水体发生水华时，蓝藻细胞可能会处于各个生长阶段。但是，最佳的混凝工艺能初步有效地处理饮用水厂的有毒藻类。图 5-1 显示了铝盐絮体中包裹的卷曲鱼腥藻（*Anabaena circinalis*）丝状体。较暗的区域是用来去除可溶性毒素和有气味化合物的粉末状活性炭颗粒。

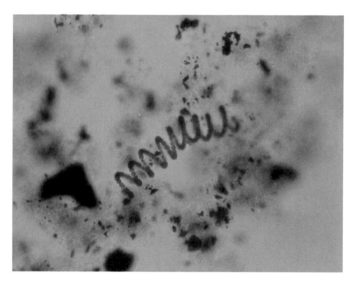

图 5-1　铝盐絮体中的卷曲鱼腥藻（*Anabaena circinalis*）丝状体。较暗的区域是用来去除可溶性毒素和有气味化合物的粉末状活性炭颗粒

溶气浮选法（DAF）是一种去除蓝藻细胞的有效方法，尤其是对于含有气囊的蓝藻种类，气囊的存在使它们难以沉降。对混凝工艺进行优化的建议也同样适用于溶气浮选工艺。

5.2.4.1　混凝/絮凝注意事项

混凝工艺的优化在任何情况下都十分重要，尤其是在发生有毒蓝藻水华的情况下。良好的化学混凝效果取决于以下几方面。

（1）选择最适的混凝剂和 pH 条件。

（2）控制好混凝剂的剂量和 pH 以保持最佳的混凝效果，尤其是在混合的初始阶段。混凝剂剂量不足或者 pH 控制不充分，会导致形成的絮体状态较差；混凝剂过量，会增加后续处理的污泥量，在某些情况下，会产生难以有效去除的大而疏松的絮体。

（3）在加入混凝剂时，良好的混合能保证水和混凝剂的快速接触。

（4）絮凝优化：当采用机械絮凝时，需要根据后处理工艺的要求优化搅拌速度。

（5）要避免混凝后絮体被过度的剪切，围堰处、管弯处及高水流速度（0.3m/s 以上）引起的湍流会导致絮体的过度剪切。

（6）通过实验室烧杯实验选择最佳的化学混凝剂和 pH，并在水厂仔细验证。

对于蓝藻毒素，还要考虑加入混凝剂后强烈搅拌导致细胞裂解的风险。当需要采用十分强烈的搅拌条件时，要在有效混凝和细胞裂解释放蓝藻毒素的可能性之间做一个权衡。

聚合电解质常被用来与金属离子混凝剂协同使用，主要是作为助凝剂，使产生的絮体更容易被后续澄清或过滤工艺去除。一般情况下，加入混凝剂后随即加入聚合电解质，它们会为絮体的形成提供一个延迟时间。这个延迟时间对于良好的混凝效果十分重要，尤其是在低水温条件下，更理想的混凝条件需要根据实际情况来建立。

5.2.4.2　污泥和反冲洗

当任何种类的蓝藻进入到污泥中时，都可能失去活性、死亡并向周围水体中释放可溶性毒素[127]。这种情况会在藻细胞混凝后一天之内发生，并会导致污泥上清液中含有高浓度可溶性毒素。同样的，沙滤池中的藻细胞，无论是絮体中的还是单个藻细胞也会快速失去活性。因此，如果可能，所有的污泥和污泥上清液都应该从水厂中分离，直到毒素被充分降解。微囊藻毒素易被生物降解[128]，这一过程需要耗费 1～4 周。柱孢藻毒素降解较慢[129]，蛤蚌毒素和类毒素的生物降解还未被广泛研究。但是，蛤蚌毒素能在源水中长期稳定的存在，因此建议对其保持警惕。

在水华发生期间，一些蓝藻细胞会进入滤池，此时反冲洗的频率可能会增加。增加滤池反冲频率可以降低溶解性毒素进入滤后水中的风险，但是应该注意有毒蓝藻进入反冲水中的可能性，以及导致的溶解性毒素水平升高的风险。

5.2.5 膜过滤

膜工艺正逐渐成为一种处理微生物污染［如隐孢子虫属（*Cryptosporidium*）］的可行方法。应用于水处理的膜技术可以分为以下几种。

（1）利用微滤膜来去除直径大于 1μm 的微粒物质，如隐孢子虫和一些细菌。

（2）利用超滤膜来去除直径小于 0.1μm 的胶体颗粒及高分子有机物。

（3）利用纳滤膜来去除小分子量有机物、色度，以及二价离子如钙离子和硫酸根。

（4）利用反渗透膜来对海水或苦咸水进行脱盐处理。

通常，蓝藻细胞、丝状体或者蓝藻菌落的直径都在 1μm 以上。因此，当膜的孔径小于 1μm 时就可以去除蓝藻细胞。图 5-2 表示了不同膜工艺的去除效率。如图 5-2 所示，总体来说，微滤膜和超滤膜可以有效地去除蓝藻细胞。实际上，不同生产商生产的滤膜孔径各不相同，所以必须仔细查看有关孔径的详细信息。显然，去除效率还取决于滤膜的污染程度。例如，在进行纳滤膜和反渗透膜过滤时，必须要有一步预处理，来去除微粒和溶解性有机碳以减少滤膜污染。因此，如果预处理效果很好，那么就只有可溶性毒素会对过滤膜产生影响。如果使用微滤膜或超滤膜，那么健康的蓝藻细胞可能会被截留聚集在膜表面或附近。对蓝藻细胞造成损害的程度取决于膜通量、压力，以及从反冲洗到废水去除之间的时间长短[130]。对于混凝来说，需要对反冲洗频率和反冲洗水排出的工艺进行优化，因为反冲洗水中蓝藻细胞释放可溶性毒素的风险很大。理论上微滤膜和超滤膜不能去除膜表面破裂的蓝藻细胞释放的可溶性毒素，但在实际应用中，也有一定的去除效果。毒素可以吸附在膜表面上，但吸附效果在不同材料的滤膜之间差别很大，并且随着时间的进行吸附效率下降很快，这是因为膜的吸附位点都被毒素分子占据了。

处理含高浓度蓝藻细胞的水源，浸没式膜处理系统比加压膜处理系统具有更大的优势，这是因为浸没式膜处理系统不需要抽水到膜上，所需要的压力小得多，因此减小了细胞破裂的可能性。但是，在带来优势的同时，浸没式膜处理系统的膜池中也会积累大量的蓝藻细胞。当有产生蓝藻毒素的风险时，需要通过频繁排出膜池中的水以减少蓝藻的积累。

对于加压膜处理系统工艺来说，错流模式造成细胞裂解的可能性要大于直流

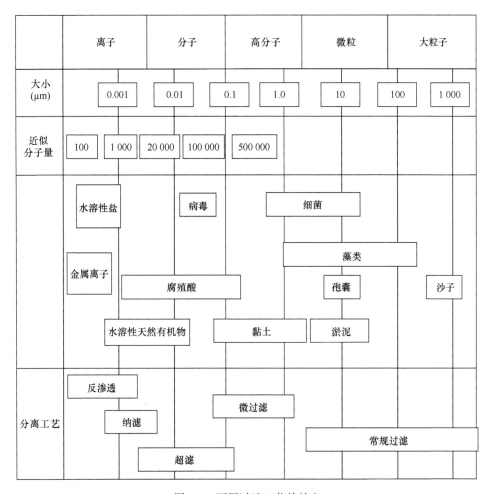

图 5-2 不同过滤工艺的效率

模式，特别是在循环水流中有细菌细胞积累的时候。

5.3 蓝藻毒素的去除

虽然水处理的目的是要完整地去除含有胞内毒素的蓝藻细胞，但是可溶性毒素也有可能分泌出来。因此应对此保持谨慎，对样品进行化学分析，对很可能存在的毒素进行测定。相关的信息可以从以前的观测和监控数据中得到（详见第 3章）。获得分析结果至少要 24h，所以水厂最好启用相关处理措施来避免可能产生的最大毒素水平。

从饮用水生产工艺中去除可溶性微污染物（包括蓝藻毒素）的效果，在很大程度上取决于目标化合物的性质。有关蓝藻毒素结构的详细信息在第 1 章进行了介绍。

如之前所说，常规的处理工艺如混凝等，去除可溶性蓝藻毒素的效果很差。可以有效去除可溶性毒素的 3 种水处理工艺如下。

（1）物理工艺：如使用活性炭、过滤膜。

（2）化学工艺：如氯气、臭氧、高锰酸钾的氧化。

（3）生物工艺：如通过沙子或颗粒活性炭上附着的生物膜来进行过滤。

5.3.1 物理处理工艺

5.3.1.1 活性炭

活性炭是一种比表面积很高的多孔材料，其内表面为靶标污染物提供了结合位点，如对藻类毒素的吸附。活性炭广泛应用于水处理工艺中对有机污染物的吸附，尤其是农药、挥发性有机物、蓝藻毒素及藻类代谢所产生的有气味化合物。

有两种形态的活性炭可以应用于水处理中，一种是颗粒活性炭（GAC），一种是粉末活性炭（PAC）。粉末活性炭可以在混凝之前添加，也可以随化学药品一起添加，或者在静置阶段、沙滤之前添加。如果在混凝之前投加，粉末活性炭会包含在絮体中，在混凝或沉淀过程中被一并除去；如果在静置阶段投加，粉末活性炭则会通过后续的过滤阶段被去除。粉末活性炭是一种直径为 $10\sim100\mu m$ 的微粒。粉末活性炭一般以炭浆的形式加入，在随后的处理工艺所去除，因此，它适用于已有混凝和快滤工艺的水厂，也可以将其应用于膜过滤工艺之前。粉末活性炭的优点之一是，当水源出现问题时可以作为应急措施使用，对于像蓝藻毒素这样周期性出现的问题，这种使用方式在成本控制方面具有极大的优势。粉末活性炭的缺点是不能重复使用，只能随污泥或反冲洗水被处理掉。

颗粒活性炭在许多国家被广泛应用于去除微污染物，如农药、工业化学品及异嗅物质，其颗粒直径比粉末活性炭要大，通常在 0.4～2.5mm。颗粒活性炭通常被用于最终的净化步骤，通常在常规处理工艺之后，消毒工艺之前使用。颗粒活性炭也能用作初级过滤器中沙子或无烟煤的替代滤料。颗粒活性炭的优势是提供持续的净化能力，同时大量的活性炭也提供了极大的比表面积，能应急处理异嗅物质或毒素的突然暴发。颗粒活性炭的缺点是使用周期短，当它的处理效果不能满足高效的净水效果时就要被替换或者再生。颗粒活性炭过滤经常需要和臭氧联用，当与臭氧联用时，其有时会被称为生物活性炭。但是这种叫法是不准确的，因为颗粒活性炭滤池需要几周到几个月的启动期才具有生物滤池的功能。

1. 粉末活性炭

1）粉末活性炭使用方法优化

粉末活性炭的缺点之一是接触时间过短，以致不能完全发挥活性炭的吸附能力。如果在混凝之前或在混凝期间立即加入粉末活性炭，粉末可能会因为掺入絮体中而降低处理效果，这类问题应该尽量避免。在混凝工艺之后投加粉末活性炭时，混凝使得大量的天然化合物得以有效去除，此时有利于活性炭发挥其自身吸附效果，但缺点是会缩短粉末活性炭与水进行有效混合的接触时间。研究表明，在常规过滤器顶部设置粉末活性炭层可提高系统的去除能力。但是它对毒素的去除作用还没有定论，因此还不能推荐为一种有效的使用方式。通常来说，粉末活性炭最适合在混凝工艺之前加入，可以设置单独的粉末活性炭接触池，或者在水源取水口和水处理厂之间的管道中进行投加。

水处理工艺的类型也能影响粉末活性炭的处理效果。粉末活性炭在絮体澄清池和滤池中的积累有利于增加接触时间并且提高粉末活性炭的浓度。溶气浮选池中尽管较长的絮凝时间有利于粉末活性炭的处理效果，但活性炭与水的接触时间很短。

对于一个特定的水处理厂，应该通过相关实验室模拟水处理过程，确定粉末活性炭投加的最佳位置及种类和剂量。

2）粉末活性炭种类和剂量的要求

天然有机物在活性炭去除微污染物方面起很关键的作用。所有水源中都有天然有机物，并且其浓度要比目标化合物高得多。例如，进入水处理厂的源水中毒素的浓度为 5μg/L 时就可以认为浓度很高，但是在地表水溶解性有机碳为 5mg/L 时，仅为中等浓度，在这种情况下，天然有机物的浓度（大约是溶解性有机碳的 2 倍）[131]是目标化合物（毒素）的 2000 倍。显然，相比于目标化合物，天然有机物对活性炭的吸附位点有着更强的竞争作用。由于受到天然有机物竞争作用的强烈影响，制定去除某种化合物需要的粉末活性炭剂量的导则可能比较困难。每一处水源都有不同浓度不同特性的天然有机物，这由特定地点的条件如植被、土壤类型及气候等决定。所以，对于活性炭的选择只能给予较为宽泛的指导，其使用剂量也取决于特定地点的情况。

下文所推荐的粉末活性炭的投加剂量，是在操作者已对进入水处理厂的毒素浓度有所掌握的基础上制定的。实际上，有资质的实验室对毒素的分析需要几天时间。水质管理者需要应用第 3 章所推荐的高效监测系统及第 6 章所描述的预警机制，来评估进入水处理厂的最大毒素浓度。我们根据可能的最大毒素浓度先确定一个安全投加剂量，然后根据实际的毒素浓度进行适当调整。

A. 微囊藻毒素

相对于其他毒素，微囊藻毒素是一种大分子物质。虽然很难评估水溶液中带电分子状态下微囊藻毒素的水动力学直径，但是通过分子模拟可知，其直径为 1～2nm。虽然微囊藻毒素分子中的羧酸基团及精氨酸带电基团都是亲水基团（具有水溶性），但是微囊藻毒素也有一部分基团是疏水性的。除此之外，基于微囊藻毒素的分子大小，有一大部分天然有机物会与其竞争活性炭上的可吸附位点。因此，活性炭对微囊藻毒素去除效果的影响十分复杂。

最好使用炭基质量高、具有较大孔隙（孔径一般在 1nm 以上）的活性炭用于微囊藻毒素的去除。质量较好的活性炭也会有好的动力学性质，大多数通过化学活化法制成的木基活性炭都具有良好的性质，但是这些活性炭十分昂贵。而一些通过蒸汽法活化的煤基或木基活性炭也都具有较大的孔径。对于去除微囊藻毒素来说，最好测试几种不同种类的活性炭及高质量的木基活性炭，以筛选出符合水质要求的最适活性炭类型。如果现有条件不足以比较活性炭对微囊藻毒素的吸附效果，也可以用鞣酸数量检测或溶解性有机碳吸附性检测作为可行的替代性实验。检测完成后应进行活性炭成本分析，选出最具经济性的活性炭种类。例如，一种较为昂贵的活性炭，如果其所需的投加量很小，那么它仍有可能最具经济性。

表 5-1 列举了适用于 4 种微囊藻毒素去除的优质活性炭的参考剂量。对于不同微囊藻毒素来说，粉末活性炭的去除效率及投加剂量差别很大。如果以活性炭吸附作为主要去除工艺的源水中出现了微囊藻毒素，确定微囊藻毒素的类型是非常必要的。虽然微囊藻毒素-LR 是全世界范围内最普遍的微囊藻毒素，但是它出

现的水域一般也伴随着其他种类微囊藻毒素的出现。在澳大利亚经常能发现水华产生的毒素混合物中，微囊藻毒素-LR 和微囊藻毒素-LA 比例为 50：50。虽然微囊藻毒素-LA 的毒性与微囊藻毒素-LR 相似，但是微囊藻毒素-LA 更难被粉末活性炭去除。相反，微囊藻毒素-RR 容易被粉末活性炭去除，但它毒性很小。在源水中也许存在很多其他类型的微囊藻毒素，但是还没有关于粉末活性炭去除这些化合物的相关信息。

多种毒素在水体中同时出现会影响粉末活性炭的投加剂量，因此，假如水体中有浓度均为 1μg/L 的微囊藻毒素-LA 和微囊藻毒素-LR 时，粉末活性炭的剂量是分别依据每种毒素的浓度进行投加的。

B. 蛤蚌毒素

蛤蚌毒素的分子量要小于微囊藻毒素，并且能被直径更小的孔隙吸附。因此，孔径小于 1nm 的活性炭能更有效地吸附蛤蚌毒素。通常，质量好且采用蒸汽活化的木基、椰子基或煤基活性炭效果最好。对于大多数水务管理部门来说，由于毒素分析价格昂贵，细化比较不同活性炭对于蛤蚌毒素的去除效果显得可行性不足。但是，通常能有效去除异嗅物质如 2-甲基异冰片和土嗅素的活性炭，也能有效去除蛤蚌毒素。当没有其他可行性检测手段时，也可选用具有高碘吸附值或者比表面积大于 1000m^2/g 的活性炭。

与微囊藻毒素类似，粉末活性炭对不同类型蛤蚌毒素的吸附效果也有差异。令人高兴的是，对于蛤蚌毒素，毒性最大的类型通常在水中浓度最低且易于去除。通常来说，当进水口蛤蚌毒素的浓度达到 10μg/L 时，建议加入 20～30mg/L 的粉末活性炭并且与水接触约 60min，这样可实现处理后水体最终的蛤蚌毒素浓度小于 3μg/L。

C. 柱孢藻毒素

有关活性炭去除柱孢藻毒素的可用数据十分有限，从它的分子量（415g/mol）可推断出活性炭对于其去除效果应该与蛤蚌毒素类似。但是，实验结果表明，孔径更大的活性炭对于柱孢藻毒素的去除更有效，这说明柱孢藻毒素分子的水动力学直径要大于根据其分子量所推断出的直径[132]。由此看来，能有效去除微囊藻毒素的活性炭也能有效去除柱孢藻毒素。

从可利用的有限信息能够得出，当进水口处柱孢藻毒素浓度达到 1～2μg/L 时，需要投加 10～20mg/L 的粉末活性炭以使柱孢藻毒素浓度减少到 1μg/L；当进水口处柱孢藻毒素浓度达到 3～4μg/L 时，则需要投加 20～30mg/L 的粉末活性炭才能满足水质要求。

D. 类毒素-A

通过粉末活性炭去除类毒素-A 的有限数据可以得出，其去除情况与微囊藻毒素-LR 类似[133]。

表 5-1 总结了粉末活性炭应用的一般性建议。

表 5-1　粉末活性炭在源水中应用的一般性建议（溶解性有机碳浓度小于 5mg/L，接触时间为 60min）

毒素		入水口浓度（μg/L）	粉末活性炭剂量（mg/L）	粉末活性炭种类
微囊藻毒素	微囊藻毒素-LR	1～2	12～15	木基，化学活化的粉末活性炭；高孔煤炭为基质，蒸汽活化的粉末活性炭
		2～4	15～25	
	微囊藻毒素-LA	1～2	30～50	
		2～4	无参考数据	
	微囊藻毒素-YR	1～2	10～15	
		2～4	15～20	
	微囊藻毒素-RR	1～2	8～10	
		2～4	10～15	
柱孢藻毒素		1～2	10～20	以上所有
		2～4	20～30	
蛤蚌毒素		5～10 蛤蚌毒素当量	30～35	煤基、木基或椰子基且利用蒸汽活化的粉末活性炭

注：以上投加剂量都是在实验室进行粉末活性炭优化实验分析得出的，实际投加剂量在很大程度上取决于水质和活性炭的实际效果。因此，我们建议针对特定的水厂和粉末活性炭类型，应先开展相应实验以优化所需剂量

2. 颗粒活性炭

1）颗粒活性炭的应用

颗粒活性炭应用于固定床吸附器，有的是对快滤池进行改造，而更常见的是应用于按照特定目的建造的滤池中。一般采用下流式设计，但是也有采用上流式及在流化床反应器上应用的。

在颗粒活性炭过滤期间，有机物从进水口到出水口逐渐使过滤床饱和，并在过滤床内形成了一个吸附前缘，吸附前缘随着时间进行逐渐向前移动。当吸附前缘到达过滤床的末端时，水中从过滤床中释放出的有机物浓度就会增加，产生一个典型的穿透曲线。穿透曲线出现的时间取决于颗粒活性炭的种类、有机物的种

类和浓度，以及空床接触时间（EBCT）。高吸附速率（或者低流速）会产生浅的吸附前缘，这反过来会导致更加尖锐的穿透曲线的形成。

图 5-3 阐明了这种情况：针对原水中某种有机污染物，Y 轴表示过滤器出水口处污染物浓度和进水口处污染物浓度的比值（C/C_0），X 轴表示所用过滤床的体积。在这种情况下，何时需要再生或更换颗粒活性炭，就取决于污染物最终要达到的目标浓度。基于可以接受的浓度范围，估算活性炭的再生或更换可能是在第一次检测到污染物时（$C/C_0 > 0$），也可能是在污染物的去除达到一定程度时（如 $C/C_0 > 0.5$），而实际情况要更加复杂。水体中存在的主要有机成分是天然有机物，当颗粒活性炭应用于去除消毒副产物时，应首要关注水中可溶性有机物的突增（或者用 254nm 波长下的紫外吸收来代替），这与图 5-3 类似。因此，可溶性有机物所需达到的浓度或者溶解性有机碳的去除效果将决定何时更换或再生颗粒活性炭。但是，当处理目标为蓝藻毒素时，它们的短期存在特性与图 5-3 所表示的吸附趋势并不相符，而且很多研究结果都表明颗粒活性炭对溶解性有机碳的吸附特性并不适用于其他有机物。特别是当溶解性有机碳的去除效率只有 10% 时（$C/C_0 > 0.9$），颗粒活性炭依然能实现对毒素和异嗅物质的有效去除[134]。因此，当主要目的是毒素去除时，更换或再生颗粒活性炭的时间取决于出水水质是否满足标准。下文提出了一种简单的定性检测方法，能帮助我们确定更换或再生颗粒活性炭的时间。

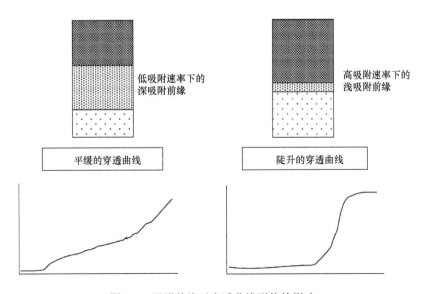

图 5-3　吸附前缘对穿透曲线形状的影响

当滤池出水达不到水质标准时，颗粒活性炭就需要进行热再生（再活化）或者更换。热再生需要将颗粒活性炭从吸附器中移出并转移到再生设备中，颗粒活性炭将在一个特别的熔炉中逐渐升温。在加热阶段会出现以下过程：颗粒活性炭的干燥，挥发性有机物的解吸附，非挥发性有机物碳化形成焦炭并最终气化。如果要保持活性炭有效的孔隙结构，避免活性炭的过度损失，就要准确地控制加热过程。

影响颗粒活性炭对有机物去除效果的因素有：①特定的活性炭对有机物的吸附能力；②水和活性炭的接触时间；③有机物进水浓度和要求的去除效果（出水浓度）；④天然有机物对活性炭吸附位点的竞争。

所有的颗粒活性炭吸附器都会逐渐具有或多或少的生物学特性，尤其是当处理水温较高的地表水时，其生物学特性可以通过臭氧预氧化和较长的空床接触时间来加强，其生物学特性可以形成以下优势：①去除可生物降解的有机物可以使水的生物学稳定性增加，进而降低供水系统中有害生物生长的可能性；②增强了去除效果并且延长了过滤床的使用寿命，甚至可以增强难降解有机物（如农药）的去除效果，因为被活性炭吸附的一些化合物被生物降解从而提供了更多的吸附位点；③可能对氨有一定的去除效果；④能够去除可生物降解的臭氧氧化副产物，如醛和酮（甚至可以在较短的空床接触时间下实现）。

生物学效果所产生的优势会在水温低于 10℃ 或空床接触时间低于 10min 时降低。生物作用的缺点是过滤床上生物大量生长，增加了反冲洗的频率，可能会降低颗粒活性炭的使用寿命，或者由于颗粒的物理破碎而导致损耗增加。

2）颗粒活性炭的种类

与粉末活性炭一样，颗粒活性炭对毒素的吸附能力取决于原材料、活化方法和程度、一系列其他表面特性及毒素的物理特性。在选择某种颗粒活性炭之前，水处理厂要做相应的比较实验以确定能够最有效去除某种特定毒素或者几种毒素混合物的颗粒活性炭种类。

3）颗粒活性炭的使用寿命

滤床的使用寿命取决于活性炭的吸附能力、空床接触时间或者由于频繁反冲洗而引起的任何物理破损。

有很多检测方法可以预测颗粒活性炭对微污染物的吸附效率，多数方法可以有效预测颗粒活性炭对水体中长期存在的微污染物的吸附效率，但是，当用于预测颗粒活性炭对毒素的吸附效果时，检测实验要注意以下两点：

（1）问题的短期存在特性：毒素很少能够长期存在于原水中；其引发的污染具有短暂存在特性，经常有规律地出现在一年中的某一特定季节。大多数情况下，颗粒活性炭的使用寿命由其所吸附的分布范围广并且常年存在的天然有机物所决定。检测去除毒素能力的短期实验并不能准确评估颗粒活性炭在去除某段时间出现的毒素时的使用寿命。

（2）生物降解：微囊藻毒素和柱孢藻毒素在特定条件下容易被生物降解。如果一个颗粒活性炭滤池只是降解这些毒素，那么它的使用寿命将是无限的。或者先让颗粒活性炭滤池处理某些化合物达到饱和，再利用其生物降解性能去除毒素，也会实现出水中无毒素检出。当进水中不含有毒素时，生物滤池会逐渐丧失降解该类化合物的能力，当水体中再次出现毒素时，毒素会穿过滤池。

南澳大利亚州的澳大利亚水质研究中心近期的实验结果表明，问题隐患较小且毒性较低的蛤蚌毒素会在无烟煤生物滤池的生物降解过程中转化为毒性更强的种类。这导致了不容乐观的结果：在常规水处理厂的双介质过滤后，水体会变得毒性更强[135]。

虽然预测颗粒活性炭在毒素去除方面的使用寿命很难，但是若将其视作阻止蓝藻毒素进入供水系统的主要方法，我们建议经常检测或监控滤池的去除效果。这类检测方法能评估当下颗粒活性炭去除毒素的能力，但是不足以预测它能有效去除该类化合物（毒素）的持续时间。

虽然用颗粒活性炭去除毒素的过程十分复杂，但是基于实验室和中试规模的研究，我们可以对微囊藻毒素和蛤蚌毒素的去除给予一些一般性建议。目前还没有关于颗粒活性炭长期去除柱孢藻毒素的相关研究。在更多信息出现之前，对微囊藻毒素的建议也可以应用到柱孢藻毒素上。

A. 微囊藻毒素和柱孢藻毒素

研究表明，颗粒活性炭对微囊藻毒素的吸附时效不尽相同，但是滤池如果是间歇性处理毒素，活性炭使用寿命为 3～12 个月。

B. 蛤蚌毒素

颗粒活性炭能有效去除蛤蚌毒素，据报道，实验室规模的颗粒活性炭柱在连续运行 12 个月后，仍然有很高的去除效率（高达 75%的毒素去除率）[136]。

C. 类毒素-A

与粉末活性炭类似，颗粒活性炭去除类毒素-a 的资料也十分有限，它的去除情况与微囊藻毒素-LR 类似[133]。

更多关于颗粒状活性炭的规格、检测方法及过滤工艺设计的详细信息请参考 *BEST PRACTICE GUIDANCE FOR MANAGEMENT OF CYANOTOXINS IN WATER SUPPLIES*. EU project "Barriers against cyanotoxins in drinking water"（"TOXIC" EVK1-CT-2002-00107）。

5.3.1.2 膜过滤

膜是一种物理过滤屏障，影响其对微污染物去除的主要因素为化合物的直径或者动力学直径与薄膜孔径大小之间的差别，其他因素如静电作用、膜表面的天然有机物和微粒（膜污染），也能够改变膜对某种特定化合物的透过性。但是这些因素很难判定，也就无法在蓝藻去除当中加以考量。图 5-2 表示了常用膜的大概孔径范围，以及它们能阻止的化合物和颗粒的分子量与直径。根据图 5-2 可知，微囊藻毒素能够被反渗透膜和纳滤膜这些孔径较小的膜去除，蛤蚌毒素、类毒素和柱孢藻毒素也能被反渗透膜去除。但是，由图 5-2 可知，即使是反渗透膜，也会使孔径更小的毒素分子透过。解决该类问题的关键是明确某个特定膜的孔径分布（可从制造商处获得）及膜的强度。像之前所提到的，膜的孔径具有一个范围，其中较大的孔隙能使分子通过。

5.3.2 化学处理工艺

大多数用于水处理的氧化剂都能与蓝藻毒素发生不同程度的反应，这取决于氧化剂的种类、剂量及毒素的结构。

5.3.2.1 液氯

液氯是一种能与许多有机物反应的氧化剂，其中包括蓝藻毒素和天然有机物。液氯反应活性最高的形态是次氯酸（HOCl），它在水溶液中与次氯酸根（OCl⁻）保持反应平衡。化学反应式如下：

$$HOCl \rightleftharpoons H^+ + OCl^-$$

次氯酸的浓度取决于水体的 pH。表 5-2 表示液氯的两种主要形态在中等 pH

范围下对应的浓度。可以得出 pH 微小的变化也会导致活性最高的液氯形态浓度的改变，因此液氯与任何化合物的反应都取决于pH。

表5-2 不同 pH 下 HOCl 与 OCl⁻的比值及对应的浓度，初始的液氯浓度为 **5.4mg/L**（以 Cl₂ 计）

pH	6.0	6.5	7.0	7.5	8.0	8.5	9.0
HOCl：OCl⁻	32：1	10：1	3.2：1	1：1	0.32：1	0.1：1	0.03：1
HOCl（mg/L）	3.9	3.6	2.9	2.0	1.1	0.4	0.1
OCl⁻（mg/L）	0.1	0.4	1.1	2.0	2.9	3.6	3.9

液氯能与一系列分子快速反应，反应取决于它们的分子结构及对氧化的敏感性。当天然有机物存在时，液氯的浓度下降很快，这是因为液氯能与由天然有机物组成的复杂有机混合物反应。当液氯被用来去除蓝藻毒素时，不同种类的天然有机物会对毒素产生竞争性影响。一些分子或分子内结构更容易和液氯反应，反应速率取决于有机化合物的结构。这会导致液氯在不同水体中的反应速率和衰减程度各不相同。自然水体中的有机物是一种性质未知的复杂有机混合物，我们很难预测在与液氯的反应中这些有机物与毒素的竞争性。因此我们引入了液氯接触的概念或者 CT 值（浓度×时间）来帮助描述溶液中可能与微污染物（如毒素）反应的液氯。CT 值是以余氯量和时间作图来表示的一定区域的面积，它描述了余氯与溶液的接触情况。有关 CT 值在消毒工艺中的描述可以参考《澳大利亚饮用水指南》[137]。

1. 微囊藻毒素

微囊藻毒素容易和液氯反应。微囊藻毒素的化学结构中有共轭双键和氨基酸基团，容易受到液氯的攻击。由于不同类型的微囊藻毒素具有不同的氨基酸基团，它们的反应活性各不相同，毒性就有所差异[138]。在 4 种最常见的微囊藻毒素中，被液氯氧化的容易程度依次为：微囊藻毒素-YR＞微囊藻毒素-RR＞微囊藻毒素-LR＞微囊藻毒素-LA。

一般情况下，在下文建议中所推荐的氧化条件下，所有的微囊藻毒素都会被氧化到规定的浓度。实验室研究表明，温度对液氯氧化微囊藻毒素的影响很小。

2. 蛤蚌毒素

由于蛤蚌毒素的化学结构中没有高活性的反应位点，它们并不像微囊藻毒素那样与液氯具有较高的反应活性。但是近期研究工作表明，在多种手段去除蛤蚌毒素的过程中，液氯处理是一种有效的处理方式，在 pH 6.5～8.5、CT 值达到 20mg·min /L 时，液氯对蛤蚌毒素的去除率达到 90%[124]。

3. 柱孢藻毒素

有关液氯氧化柱孢藻毒素的有限数据表明，与微囊藻毒素相比，柱孢藻毒素更容易和液氯反应[139]。液氯氧化微囊藻毒素的条件也适用于柱孢藻毒素。

4. 类毒素-A

类毒素-a 不易被液氯氧化[133]。

5. 一般性建议

微囊藻毒素、蛤蚌毒素、柱孢藻毒素被液氯氧化的条件：pH＜8；接触 30min 后余氯大于 0.5mg/L；液氯浓度大于 3mg/L；CT 值大约为 20mg·min /L。

在以上条件下，液氯对柱孢藻毒素和易于被氧化的微囊藻毒素的去除率均可达 100%，对蛤蚌毒素的去除率也能达到 70%。

5.3.2.2 二氧化氯

在饮用水处理工艺中所投加的剂量对毒素去除没有效果[140]。

5.3.2.3 氯胺

相比于液氯和臭氧，氯胺是一种较弱的氧化剂，只有在非常高的浓度和较长的接触时间下，才能对微囊藻毒素有一定的去除效果[141]。有关其他毒素的有限数据表明，氯胺对它们没有明显的去除效果。

5.3.2.4 臭氧和臭氧/过氧化氢

和氯气一样，臭氧也是一种氧化剂，它的活性很高，以多种形式存在于水中。臭氧分子（3 个氧原子结构，O_3）可以与水中的有机分子反应，也能自发分解产生羟自由基。羟自由基非常活泼，不会选择性攻击分子结构。羟自由基的形成依赖于 pH，在 pH>8 时大量生成。臭氧的分解、羟自由基的形成，以及这两种物质与天然有机物的反应可以用链式反应来描述，其中天然有机物在羟自由基的形成过程中既是引发剂又是抑制剂[142]。在臭氧氧化过程中，水的碱度也很重要，因为碳酸盐离子对羟自由基的形成有很强的抑制作用。因此，虽然高碱度水能更长久地保持一定的臭氧余量，但减少了更活泼的羟自由基的生成。当臭氧与过氧化氢联合使用时，羟自由基的生成就会增加，因此该处理方法的氧化性能就会增强。

1. 微囊藻毒素

正如上面提到的，微囊藻毒素有易被氧化的分子结构，因此臭氧分子可以与之反应。此外，羟自由基也会和微囊藻毒素发生强烈的反应[143]。当天然有机物浓度比毒素高时，会与毒素产生竞争效应。在天然有机物中存在一些反应位点与微囊藻毒素分子具有类似的反应活性。

和液氯类似，微囊藻毒素浓度的降低也依赖于臭氧的初始剂量，但是从实验室和中试研究结果来看，对于大部分被处理水，只要臭氧余量大于 0.3mg/L，接触时间在 5min 以上，微囊藻毒素的浓度便可以降低到检测限以下（通过高效液相色谱法测定）。当水中溶解性有机碳浓度大于 5mg/L 时，可能需要更高的臭氧剂量。

2. 蛤蚌毒素

前面已经提到，蛤蚌毒素不像微囊藻毒素一样对氧化作用敏感，也不容易被臭氧去除[144]。通过提高 pH 来增加羟自由基的形成，可能会提高蛤蚌毒素的去除率，但这一结论还未在实验室或中试中得以证实。实验室规模的研究表明，上文提到的用于微囊藻毒素去除的条件，仅仅能去除不超过 20% 的蛤蚌毒素。

3. 柱孢藻毒素

柱孢藻毒素臭氧氧化去除的有限数据表明，用于微囊藻毒素去除的条件也可用于柱孢藻毒素的去除。

4. 类毒素-A

有效去除微囊藻毒素的臭氧氧化条件，也能有效氧化去除类毒素-a[145]。

5. 一般性建议

（1）臭氧氧化微囊藻毒素、类毒素-a 和柱孢藻毒素的条件：pH＞7；余量大于 0.3mg/L，接触时间至少 5min；CT 值大约在 1.0mg·min/L 时效果较好。

（2）蛤蚌毒素：不推荐将臭氧氧化作为主要的处理方法。

5.3.2.5 高锰酸钾

高锰酸钾已被证明可有效降低微囊藻毒素和类毒素-a 的浓度[146]，也可有效地去除柱孢藻毒素[147]。如果在使用高锰酸钾时能够控制锰的浓度，那么在这些毒素出现时，就可以用高锰酸钾来去除。遗憾的是，目前可利用的数据还不足以制定高锰酸钾的剂量标准，因此不能将高锰酸钾处理作为一种有效的处理方法。

5.3.2.6 UV 和 UV/过氧化氢

紫外线（UV）照射能降解微囊藻毒素-LR 和柱孢藻毒素，但只有毒素浓度很高或有催化剂如二氧化钛存在的情况下，蓝藻毒素才能被有效降解[148,149]，其他情况下毒素的降解程度很低。臭氧、过氧化氢的存在能促进羟自由基的形成，并能增强紫外线处理的氧化性能。

5.3.2.7 过氧化氢

过氧化氢单独使用没有效果，结合臭氧或紫外线时会产生具有强氧化能力的羟自由基。目前仍没有充足的数据来制定过氧化氢的推荐使用剂量。

5.3.3 生物处理工艺

生物降解能有效去除各种类型的微囊藻毒素和柱孢藻毒素，甚至在水流流速接近快沙过滤时也能有这种效果[150]。所有的颗粒活性炭滤池在运行几周后也具有了生物滤池的降解效果，所以也会对易于生物降解的毒素有很好的去除效果。图 5-4 所示为在传统的污水处理厂中快速沙滤池中的沙子上的生物膜，可以看出，生物膜上微生物丰富多样。多年来，这种滤池一直被作为能有效去除有气味化合物的生物过滤器来使用。

图 5-4　南澳大利亚州摩根水过滤厂快速沙滤池中的沙子上的生物膜电镜照片

　　只有特定种群的微生物才能降解藻类毒素，并且生物滤池中该类微生物达到一定的浓度，才能起到生物降解的作用。此外，在毒素进入滤池和生物膜开始去除毒素期间，微囊藻毒素和柱孢藻毒素的降解都有一个滞后期。也就是说，生物膜需要驯化来适应这些化合物。明确滞后期产生的根源并且将其消除是生物滤池能作为降解毒素可靠手段的前提条件。如果沙滤池中毒素的存在是经常性的，那么生物降解作用就很容易发生。然而，如果在过滤之前，采用了预氯化来降低颗粒物的数量，那么生物滤池就很难保持足够的生物活性来去除毒素了。基于以上问题，目前生物滤池还不能认为是微囊藻毒素的有效去除手段。然而，慢沙过滤和河堤过滤在一些欧洲国家已经得到应用，这些工艺具有水和生物膜的接触时间较长、生物膜生物活性高的特点，因此能较好地去除有气味化合物和微囊藻毒素[125]，已有证据初步表明这些处理过程对于柱孢藻毒素的去除也是十分有效的。

第 6 章　风险管理预案

6.1　背　　景

在很多国家的饮用水质量国家标准中，不要求对蓝藻毒素进行监测，因此许多饮用水公共事业部门，没有足够熟练的工作人员来监测蓝藻或蓝藻毒素，并且常规的水质监测方案中也不包括这些指标。几年前，在经常受到产毒蓝藻影响的一些国家，特别是澳大利亚和南非，蓝藻监测的缺失带来了明显危害，促使了基于预警级别框架的风险管理预案的制定和实施。管理预案的制定，能使饮用水供应商主动地去处理饮用水源中潜在的产毒蓝藻，对应急事件进行控制，消除给消费者带来的风险。预案中确立了一系列的措施，在水华的不同阶段，对潜在的有毒蓝藻的指示信号做出响应。这些措施包括明确并优化能减少蓝藻毒素进入用户端的工艺，以及需要的沟通步骤（与关键的利益相关者沟通，包括相关卫生部门和消费者）。

预警级别体系包含一系列的监测和管理措施，可使饮用水公共事业部门对水源地蓝藻水华的起始和发展过程做出分级响应。预警级别由与蓝藻直接相关的参数值来确定，包括蓝藻细胞数目、生物量或者叶绿素 a 的浓度。每个临界数值代表一种饮用水风险级别，确定的相应响应级别为：加强监测、通知相关卫生部门、停止饮用水的供应。

6.2　预警级别体系发展概述

过去的 20 年里，我们制定了很多管理框架用于协助控制饮用水中的有毒蓝藻。各种管理框架都是基于对蓝藻的直接或间接监测和毒素的测定。

6.3　适于饮用水生产的预警级别体系的选择和应用

对特定的饮用水生产或管理部门来说，选择最合适的管理框架的第一步是，对承担各种监测和分析工作的饮用水公共事业部门的能力（资源、基础设施和人员技能）进行评估。这项评估根据管理框架中各项检测及分析方法的要求来判断饮用水公共事业部门是否有能力满足该框架的使用需求。一旦选定了预警级别体系，就可以对管理框架进行调整，来适应各水源地及水厂的条件和要求。选择了预警级别框架并对其修改之后，饮用水公共事业部门可制定出个性化应急管理预案，以便在饮用水源中出现蓝藻时，做出恰当、有效的响应。

下文列出了 3 个最近开发的基于前文内容的预警级别框架，可供饮用水公共事业部门进行选择。

6.3.1　基于蓝藻细胞计数的预警级别框架[151]

该框架通过监测方案中与预警级别关联的措施，来跟踪潜在的产毒蓝藻水华的发展过程。每一预警级别的措施中，包括增加采样和检测频率、应采取的处理方法、与卫生部门及其他机构沟通和协商、向消费者和媒体发布。预警级别的启动，开始于检测到蓝藻细胞达到低度预警等级；当蓝藻数量逐渐上升到一级预警时，就要发出预警通知，增加采样频率，准备进行毒性评估。下一阶段的二级预警中，较高的蓝藻细胞数量说明蓝藻毒素可能会超过标准限值。在二级预警阶段，水厂人员和卫生部门需要对水是否还适宜饮用发出预警或通知。在此之前通常要进行全面的健康评估并考虑水处理设施及其运行情况和饮用水使用方式等。当原水中蓝藻浓度非常高时，可以启动三级预警。当预警达到三级时，我们必须进行有效处理以降低对民众健康的不利影响。从理论上来说，一级预警和二级预警都应该对原水毒性和蓝藻毒素进行评估，并对饮用水和处理系统中的蓝藻毒素去除能力进行评价。

表 6-1 总结了界定预警级别的阈值和相关的行动措施，预警级别框架实施的流程如图 6-1 所示。

表 6-1　饮用水中有毒蓝藻管理的通用预警级别框架的阈值界定

级别	依据	阈值界定 适用于紧邻水厂 取水口位置的取样[①]	建议行动
检测级别	低级预警 检测	500 个/mL≤蓝藻密度 <2 000 个/mL（任一种蓝藻或者全部种类的蓝藻） 蓝藻在较低级别检测到	**进一步留意观察** 1. 对总生物量中占优势的已知产毒蓝藻进行定期检测 2. 每周取样进行细胞计数 3. 对邻近取水口的水面浮渣进行定期目测
预警级别 1	中级预警 该细胞数量或者等生物量的蓝藻产生的藻毒素浓度可能相当于饮用水标准中微囊藻毒素浓度的 1/3～1/2	2 000 个/mL[②]≤铜绿微囊藻密度<6 500 个/mL 或0.2mm³/L＜总蓝藻生物量<0.6mm³/L[③]，其中已知产毒蓝藻占优势 该级别阈值可以根据当地条件来调整（见文中） 蓝藻种群已经形成，由于风力的作用，局部区域蓝藻密度会达到很高	**通知卫生监管部门** 1. 视情况通知相关机构 2. 在水库的取水口和典型采样点增加采样频率到每周两次，确定原水中蓝藻的群落增长和空间变化规律 3. 确定取水口水样蓝藻代表性参数（如空间变化）随着时间的变化规律 4. 决定是否需要毒性评估或毒素监测
预警级别 2	高级预警 该细胞数量或者等生物量的蓝藻产生的藻毒素浓度可能已接近或超出饮用水标准中的微囊藻毒素浓度。对于任何未知样品或未知蓝藻种群，假设其会产生最具有毒性的微囊藻毒素（如MC-LR）。不管水样中存在的蓝藻是否是已知的产毒株都适用	铜绿微囊藻密度≥6 500个/mL 或总蓝藻生物量≥0.6mm³/L[④]，其中已知产毒蓝藻占优势 如果蓝藻种群有毒并且处理措施无效，该蓝藻水华就会引起毒素浓度超出标准	**根据标准进行风险评估** 1. 卫生部门对公众健康风险提出建议，如基于毒素监测数据、样品类型和差异性及处理措施的有效性进行健康风险评估 2. 考虑是否需要给消费者提供建议 3. 继续按照一级预警中的要求进行监测 4. 根据相关卫生部门的建议，对供水（出水）进行毒素监测
预警级别 3	超高级别预警 该细胞数目或者等生物量的蓝藻产生的藻毒素浓度高于饮用水标准中微囊藻毒素浓度的 10 倍	铜绿微囊藻密度≥65 000 个/mL 或所有蓝藻的总生物量≥6mm³/L[⑤] 在没有进行水处理或处理无效情况下，如果没有替代水源或应急高级水处理方式，对民众健康的不利影响就会显著提高	**如果还未评估潜在的风险，应立即评估** 1. 如果一级和二级预警级别时还未通知卫生部门，应立即通知 2. 如果供水没有过滤，则需要给消费者提供建议 3. 需要对源水或者饮用水源进行毒性评价或者毒素检测 4. 按照预警级别 1，继续对源水中的蓝藻种群进行监测 5. 如无妥善水处理工艺，根据健康风险评价的情况，该预警级别下，可能需要启动应急供水计划 6. 细胞数目明显降低后（如连续出现 3 次零的结果），继续对藻毒素进行监测

①界定各预警级别的蓝藻细胞数目的水样，取自紧邻或者尽可能接近水厂取水口（取水点）的表层采样点。必须指出的是，如果取水点位置在深层，这些取自表层的样品中蓝藻细胞数量可能会高于水厂取水口

②2000 个/mL 左右的细胞计数结果的可变范围在 1000～3000 个/mL

③如此低的细胞密度下，群体细胞（如铜绿微囊藻）的计数精度可能为±50%

④生物量数值四舍五入，保留一位有效数字，如 0.17mm³/L 表示成 0.2mm³/L，0.57mm³/L 表示成 0.6mm³/L。生物量（>0.6mm³/L）（由 0.57 四舍五入得来）与二级预警对应的铜绿微囊藻数量近似相等

⑤生物量（>6mm³/L）（由 5.7 四舍五入得来）与三级预警对应的铜绿微囊藻数量近似相等

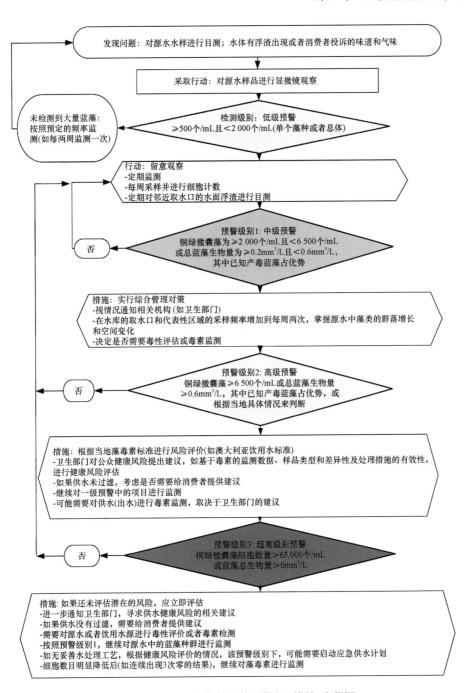

图 6-1　饮用水蓝藻管理的预警级别框架流程图

6.3.2 主要基于蓝藻鉴别和计数的预警级别框架[152]

这一预警级别框架包含不同的预警阶段：常规监测↔警戒级别↔一级预警↔二级预警↔三级预警。在常规监测级别和各级预警之间，有初级或基本指标（蓝藻鉴别和计数）、二级指标（蓝藻毒素的浓度）和三级指标（小白鼠生物检测），来判断是否启动下一个预警级别，这些预警指标决定了是在上一级预警级别上采取行动还是按照下一级预警级别采取行动。

当常规的蓝藻和其他藻类监测（筛选）检测到较低浓度的蓝藻时，预警级别提高到警戒级别。达到警戒级别后，要增加监测频率和对蓝藻浮渣的目测观察。当蓝藻细胞密度>2000 个/mL 时，达到一级预警。在该预警级别，采取的措施主要包括增加监测次数（蓝藻毒素分析和小鼠生物实验）、风险响应委员会主要成员间进行交流和信息传递。当蓝藻细胞密度超过 100 000 个/mL（初级指标），蓝藻毒素浓度高于 0.8μg/L（二级指标），达到二级预警。二级预警采取的主要措施包括优化水处理工艺、继续开展监测（每天对蓝藻及蓝藻毒素进行监测）、进行小白鼠生物试验和响应委员会会议（负责评估态势、考虑要采取的措施、信息交流等）。当蓝藻毒素的浓度高于 2.5μg/L 或者小白鼠试验为阳性时，达到三级预警。该预警级别采取的主要措施包括继续优化处理工艺、对蓝藻和蓝藻毒素进行日常分析、开展小白鼠试验。当政府部门和受影响的消费者之间出现沟通危机时，响应委员会需要每天开会或者沟通，以确保做出的任何行政决策都能得以实施。

该框架模式也规定：当饮用水中蓝藻毒素的浓度连续 8 天在 2.5～5μg/L，或者连续 2 天超过 5μg/L 时，应提供替代水源。该模式包含的一个重要方面是，突发事件一旦结束且水质改善到一级预警或者警戒级别水平，响应委员会负责终止应急行动。

图 6-2 展示了该框架的预警级别和需采取措施的流程图。

6.3.3 主要基于叶绿素 a 浓度的预警级别框架[152]

该预警级别体系的主要指标是叶绿素 a 的浓度，二级指标和三级指标与上面描述的 Du Preez 和 Van Baalen 框架相同。这些框架原理相同，但在采取的行动细

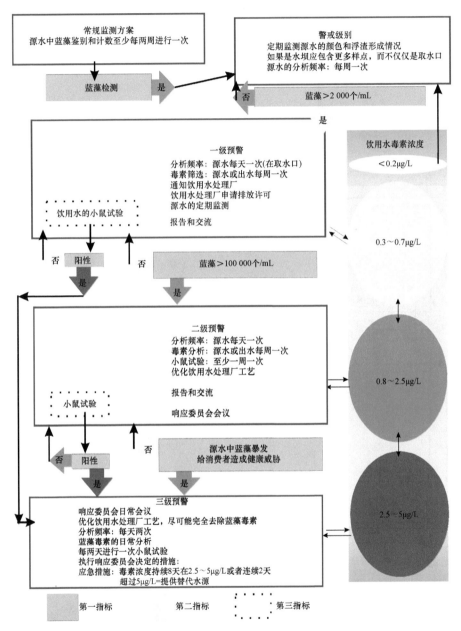

图 6-2　主要基于蓝藻浓度的预警级别体系

节上可能存在不同，特别是在较低的预警级别。这个框架不像蓝藻鉴别和计数框架那么具体，更多的是作为一种对源水进行筛选的手段。基于叶绿素 a 浓度的预警级别框架可能涉及特定时期需要外送样品到相关检测机构进行浮游植物分析。

描述该框架的流程图如图 6-3 所示。

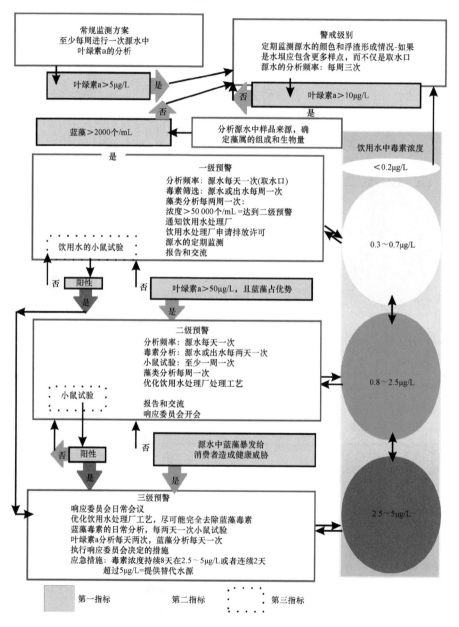

图 6-3　主要基于叶绿素 a 浓度的预警级别体系

6.3.4　信息交流

沟通是风险管理预案能够有效实施的关键环节。图 6-4 给出了一个通信矩阵的例子。

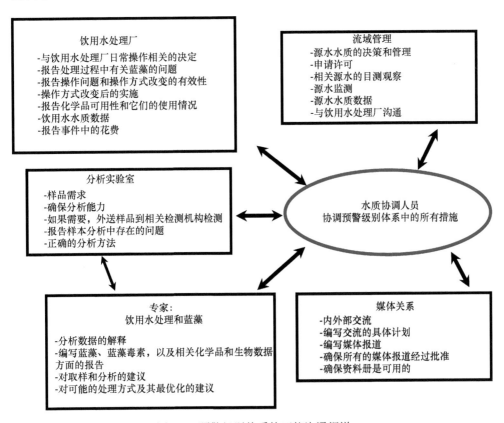

饮用水处理厂
-与饮用水处理厂日常操作相关的决定
-报告处理过程中有关蓝藻的问题
-报告操作问题和操作方式改变的有效性
-操作方式改变后的实施
-报告化学品可用性和它们的使用情况
-饮用水水质数据
-报告事件中的花费

流域管理
-源水水质的决策和管理
-申请许可
-相关源水的目测观察
-源水监测
-源水水质数据
-与饮用水处理厂沟通

分析实验室
-样品需求
-确保分析能力
-如果需要,外送样品到相关检测机构检测
-报告样本分析中存在的问题
-正确的分析方法

水质协调人员
协调预警级别体系中的所有措施

专家:
饮用水处理和蓝藻
-分析数据的解释
-编写蓝藻、蓝藻毒素,以及相关化学品和生物数据方面的报告
-对取样和分析的建议
-对可能的处理方式及其最优化的建议

媒体关系
-内外部交流
-编写交流的具体计划
-编写媒体报道
-确保所有的媒体报道经过批准
-确保资料册是可用的

图 6-4　预警级别体系的可能沟通渠道

6.3.5　信息风险管理预案的制定

基于已经选定的预警框架,根据供水企业、水源和处理设备条件等情况,形成具体的应急管理预案。蓝藻风险管理预案的制定,应成为实施世界卫生组织基于水源和处理设施全过程的水安全规划步骤中不可或缺的部分[153]。尤其应该对处理系统或各种设备的控制方法进行评估,评估其是否可以将毒素浓度降低到所需

水平，并在需要时对工艺进行优化和改进。这些优化或改进需要针对特定的设备，可能包括变换取水口位置、投加粉末活性炭、增加氯剂量。

根据世界卫生组织要求，风险应急响应或管理预案应包含如下细节。

（1）关键人员的岗位职责和联系方式，通常包括几个组织和个人。

（2）列出可测量的指标和会诱发应急事件的限值/条件，以及各预警级别的限值（如果对象为蓝藻，要建立适当的预警级别框架）。

（3）清晰描述出应对预警所需的行动措施，具体到每一种设备。

（4）对应急事件中采取措施的标准和程序进行报告和文档记录。

（5）所需设备（如聚合氯化铝的投药设备）标准操作程序放置位置和标识。

（6）如果有备用设备，应清楚其位置。

（7）相关的后勤保障和技术信息。

（8）清单和快速参考指南[153]。

理想的应急管理预案，应包含一张水源地示意图，其中包括采样点、关键的营养盐输入点、特定处理工艺的细节和对蓝藻毒素有效去除的潜在问题，以及水质专家和需要参与应急管理预案的实验室人员的联系方式。所有相关人员都应该知晓他们的责任并受过专业的培训，应当将替补人员列入计划以应对关键人员的缺席。随着工作人员的变化，联系方式应定期审查和更新。整套应急管理预案应定期检查和练习，以确保工作人员对应对水质事件做好了准备。蓝藻事件中，在应急管理预案实施后，要对所有参与应急管理预案的人员进行调查或询问，来找出方案中的不足并予以纠正。

第 7 章 娱乐用水的建议

7.1 背 景

虽然这本手册主要针对的是饮用水中蓝藻的管理，但对于批准饮用水源用作娱乐用水的水务管理部门来说，娱乐用水中蓝藻的存在同样是一个问题。受污染的娱乐用水会给人类健康带来潜在的风险，关于其监测、分析、风险评价的一些方法和规程，与第 2、3、4、6 章中描述的内容比较相似。本章重点论述了蓝藻和蓝藻毒素给内陆淡水湖和水库等娱乐用水带来的问题。

7.2 蓝藻在娱乐用水中为何成为问题？

对于在淡水水体中进行娱乐活动的人员来说，蓝藻能产生其他藻类不会产生的危害。在某些条件下，如一天中的某些特定时间里，蓝藻可以上浮到表面形成浮渣，在盛行风的驱动下，浮渣在湖湾的岸边积聚。在娱乐用水中，这个问题将更加严重，因为岸边是使用程度最高的区域，对于幼儿来说具有更大危害。图 7-1 展示了南澳大利亚州阿德莱德市的娱乐用水中产毒卷曲鱼腥藻大量繁殖而形成的水华。湖水所有的娱乐项目被暂停了数周，对当地商业及公众在周边公共场地的娱乐休闲造成了影响。

图 7-1 由于有毒蓝藻的暴发，休闲湖湾被关闭

问题并不局限于浮游蓝藻。底栖蓝藻能在水体足够清澈、阳光能照进底部的水库和湖泊底部生长，并形成大片藻垫。阳光强烈照射期间，光合作用和氧气的产生随之增强，使湖泊、水库或缓流河水底部的藻垫上升到水表面，聚集在岸边。

水面浮渣、水体变色和浮渣腐烂引起的水体浊度变化和气味改变，会严重破坏湖泊和水库的休闲娱乐功能。然而，蓝藻在水面和岸边的积聚，以及可能随之产生的高浓度的蓝藻毒素所造成的风险才是最大的。

7.2.1 公共健康问题

在第二次世界大战之前的传闻和案例报告中，已经描述了一系列与接触含蓝藻毒素的娱乐用水相关的疾病，包括花粉病类似症状、胃肠道疾病和皮疹。有些症状更加严重，包括肌痛、肺炎、剧烈头痛、晕眩和口腔水泡。然而必须指出的是，一般说来有些症状很可能比较轻微，并且具有自我控制的特点，因此很多因接触蓝藻毒素而受到较小健康影响的案例可能并未报道。

7.2.2 娱乐活动和接触水平

为了降低和减轻蓝藻毒素给娱乐人员带来的风险，了解不同活动与蓝藻毒素的接触风险是很重要的。接触蓝藻毒素有三种方式：摄取、吸入和皮肤接触，其中摄入是对健康影响最大的接触方式，可以是有意的或偶然发生的。对儿童来说，意外摄入含蓝藻毒素水的可能性更高。在浮渣聚集的海岸区域，游泳、潜水等活动，被认为存在较高接触蓝藻毒素的风险。尽管并不常见，但当露营和野餐者用湖水做饭或饮用湖水时，湖水的有意摄入会带来问题。然而这种事极少发生，露营者有意摄入湖水和毒素可被归类为可能性低的接触事件。

水中毒素的吸入，通常与能形成气溶胶的水上活动有关，如帆板、皮划艇和帆船。皮肤接触可能涉及湖泊和水库中所有与水有接触的娱乐活动。当身着潜水服或者泳衣时，蓝藻细胞附着人体皮肤后，由于长时间接触，人会产生皮肤反应。

表 7-1 总结了娱乐活动接触有毒蓝藻污染水体的风险级别。

表 7-1　淡水中娱乐活动接触蓝藻的风险级别

暴露风险	娱乐活动
高	游泳、潜水、帆板冲浪 这些会浸水的活动，很可能会造成蓝藻的摄入、吸入和皮肤接触
中	皮划艇、帆船、赛艇 这些活动摄入蓝藻的风险很小，吸入和皮肤接触有限
低	露营、野餐、观光 非接触性活动，不太可能存在蓝藻接触风险

7.3　风险管理和响应

负责淡水湖和水库的组织与企业人员，有责任和义务去关注在湖泊与水库进行娱乐活动的公众。

世界卫生组织制定的娱乐用水指导文件是 1998 年的《安全娱乐水环境指南》（第 1 卷：滨海和淡水水域）[154]，该指南的第八章详细介绍了"娱乐用水管理的安全技术指南"。很多国家的相关部门，如澳大利亚、美国和英国，同样使用了这些娱乐用水管理策略，该指南也是本章节主要的参考资料。

7.3.1　监测

当制定娱乐用水监测方案时，要根据蓝藻水华历史数据、娱乐用水使用类别，以及在当前营养状况和其他因素条件下对未来水华发生可能性的预测，来确定监测的级别和类型。表 7-2 给出了一个根据风险评估来确定监测需求的建议。对于同时用于饮用水供应的水库和湖泊，很可能有制定好的采样和监测方案。如果需要进行监测，监测内容可能包含以下部分。

（1）选择监测地点时，应确保将主要的公共场所以及由于受盛行风影响而容易积累浮渣的区域包含在内。

（2）目测观察和物理检测，如使用塞氏盘检测水体透明度，浮渣的位置，游泳区任何底栖蓝藻种群存在的迹象，水体的温度垂直变化来确定分层情况，盛行风向和天气条件。

（3）样品分析：藻类的鉴别/计数，营养物质如磷酸盐、硝酸盐、二氧化硅等，毒素。

表 7-2 为确定娱乐用水的监测需求而建议的风险评估

分级	藻类历史资料	蓝藻的存在	营养状态	可能的监测计划
1	没有明显的藻类生长。没有蓝藻水华的记载（底栖或浮游）	没有蓝藻或者数量极少	贫营养/稳定	通常不需要，样品很可能是阴性如果要监测，可以不定期地监测营养水平，将其作为整体流域管理中的一部分
2	藻类水华很少发生，且通常不是每年都会发生	通常藻类大量生长时，蓝藻不是优势种	贫营养/中营养稳定状态或富营养化程度增加	需要监测，应该包括：1. 主入口区的目测检查2. 在关键取样点对叶绿素a和蓝藻进行取样分析，应考虑盛行风，以确保能监测到浮渣积累的区域
3	大部分年份会出现藻类水华	在一次或多次藻类水华里，蓝藻可能是优势种	中营养/富营养化稳定状态或富营养化程度增加	在浅水湖泊和水库应考虑底栖藻类水华的出现和监测需求
4	一年中很多月份会出现大规模藻类水华	大部分水里，蓝藻是优势种	富营养到超富营养	通常不需要监测，因为样品很可能已经确认了蓝藻水华和潜在毒素的存在不再进行监测，最合适的是竖立永久警示牌，并永久限制各类娱乐活动，降低或减轻接触风险

对各种风险因素和环境条件进行持续监测是非常重要的，可以逐渐了解水库的生态环境，进而更有效地管理水库。长期记录和定期评估是监测目标中至关重要的部分。

7.3.2 指导性分级与措施

1998 年世界卫生组织娱乐用水指南[154]中指出，由于暴露于蓝藻毒素的严重程度各不相同，从"主要为刺激性"到"暴露于高浓度的已知蓝藻毒素中，可能存在更严重的危害"，只采用单个参考值并不合适。因此，世界卫生组织建议"设定一系列的参考值，来评估对健康造成影响的可能性及危害程度。"修正版本的《娱乐用水管理的安全技术指南》示于表 7-3。

娱乐用水管理的指导性分级，与第 6 章中描述的预警级别框架相契合。如果水库或者湖泊也用于供水，该指导性分级及相应的措施，可以一并纳入饮用水的水质管理中。

表 7-3 娱乐用水中与蓝藻相关的指导性分级和健康风险评估，由世界卫生组织修正[154]

指导性分级	健康风险	典型措施
蓝藻密度为 20 000 个/mL 或叶绿素 a 浓度为 10μg/L 且蓝藻占优势	对健康造成短期的不利影响	1. 在现场放置危险警告标志 2. 通知相关部门
蓝藻密度为 100 000 个/mL 或叶绿素 a 浓度为 50μg/L 且蓝藻占优势	1. 某些蓝藻种类可能引起长期疾病 2. 对健康造成短期的不利影响，如皮肤刺激或者胃肠疾病	1. 留意浮渣或有利于浮渣形成的条件 2. 劝阻游泳等会浸入水体的活动，对危害性进一步研究 3. 在现场放置危险警告标志 4. 通知相关部门
在全身接触/摄取/吸入风险高的区域，形成蓝藻浮渣	1. 可能发生急性中毒 2. 某些蓝藻种类可能引起长期疾病 3. 对健康造成短期的不利影响，如皮肤刺激或者胃肠疾病	1. 立刻控制与藻渣的接触，尽可能禁止游泳及其他活动 2. 公众健康跟踪调查 3. 通知公众及相关部门

有必要将有关蓝藻浮渣和毒素风险的信息及时通知公众。当风险发生时，应能及时告知水体娱乐用户，信息中应包括风险的影响及公众需要采取的具体措施，以将危害降到最小。必须注意的是，监测不可能覆盖所有的水体，因此，利用信息宣传单来提高公众对水华的认知和防范水平，在预防和降低蓝藻接触风险的过程中有重要价值。

参 考 文 献

1 Brock T.D. (1973) Evolutionary and ecological aspects of the cyanophytes. In: Carr, N.G. & Whitton, B.A., (eds.) The Biology of the Blue-Green Algae. Blackwell Scientific Publications, Oxford, 487-500.

2 Schopf J.W. (1996) Cyanobacteria, pioneers of the early earth. In: Prasad A.K.S.K., Nienow J.A. & Rao V.N.R. (eds.) Contributions in Phycology. Cramer, Berlin publishers, Nova Hedwigia, Beiheft. pp 13-32.

3 Falconer I.R. (2005) Cyanobacterial toxins of drinking water supplies. Cylindrospermopsins and Microcystins. CRC Press, Florida, USA, 279 pp.

4 Algepak version 1.02, (1999) Software for phytoplankton identification, problems and solutions regarding algal-related problems in the environment and in water purification plants. Water Research Commission, Pretoria. www.wrc.org.za.

5 York P.V., John D.M., & Johnson L.R. (2002) Photo catalogue of images of freshwater algae and algal habitats. Cambridge University Press. www.cambridge.org.

6 Chorus I. & Bartram J. (eds.) (1999) Toxic Cyanobacteria in Water: A Guide to their Public Health Consequences, Monitoring and Management. E & FN Spon, London, UK.

7 Oliver R.L. and Ganf G.G. (2000) Freshwater Blooms. Chapter 6. pp 149-194 in B.A. Whitton and M. Potts (eds.) The Ecology of Cyanobacteria. Kluwer Academic Publishers, Dordrecht.

8 Baker P.D. (1999) Role of akinetes in the development of cyanobacterial populations in the lower Murray River, Australia. *Marine and Freshwater Research,* 50: 256-279.

9 Fogg G.E., Stewart W.D.P., Fay P. and Walsby A.E. (1973) The Blue-Green Algae. Academic Press, London.

10 Reynolds C.S. (1984) The Ecology of Freshwater Phytoplankton. Cambridge University Press, Cambridge.

11 Mur L.R., Skulberg O.M. and Utkilen H. (1999) Cyanobacteria and the environment. In: Chorus I. Bartram J., (eds.) Toxic Cyanobacteria in Water. A Guide to their Public Health Consequences, Monitoring and Management. E & FN Spon, World Health Organization. pp41–112.

12 Harris G.P. (1986) Phytoplankton Ecology. Structure, Function and Fluctuation. Chapman and Hall, London.

13 Oliver R.L. and Ganf G.G. (2000) Freshwater blooms. Chapter 6. pp 149-194 in B.A. Whitton and M. Potts (eds.) The Ecology of Cyanobacteria. Kluwer Academic Publishers, Dordrecht.

14 Izaguirre G., Jungblut A.D. and Neilan B.A. (2007) Benthic cyanobacteria (*Oscillatoriaceae*) that produce microcystin-LR, isolated from four reservoirs in southern California. *Water Research,* 41(2): 492-498.

15 Mez K., Beattie K.A,. Codd G.A., Hanselmann K., Hauser B., Naegeli H. and Preisig H.R. (1997) Identification of a microcystin in benthic cyanobacteria linked to cattle deaths on alpine pastures in Switzerland. *European Journal of Phycology,* 32(2): 111-117.

16 Hamill K.D. (2001) Toxicity in benthic freshwater cyanobacteria (blue-green algae): first observations in New Zealand. *New Zealand Journal of Marine & Freshwater Research,* 35(5): 1057-1059.

17 Sivonen K. and Jones G. (1999) Cyanobacterial Toxins. In: Toxic Cyanobacteria in Water, Chorus, I. & Bartram, J. (eds). E & FN Spon, London, 41-111.

18 Kuiper-Goodman T., Falconer I. and Fitzgerald J. (1999) Human Health Aspects. In: Chorus I, Bartram J, Ed. Toxic Cyanobacteria in Water. A Guide to their Public Health Consequences, Monitoring and Management. Published by E & FN Spon on behalf of the World Health Organization.pp113-153.

19 Cox P.A., Banack S.A., Murch S.J., Rassmussen U., Tien G., Bidigare R.R., Metcalf J.S., Morrison L.F., Codd G.A. and Berman B. (2005) Diverse taxa of cyanobacteria produce Beta-N-methylamino-L-alanine, a neurotoxic amino acid. Published by the Nation Academy of Sciences of the USA. www.pnas.org/cgi/doi/10.1073/pnas.0501526102

20 Bourke A.T.C., Hawes R.B., Neilson A. and Stallman N.D. (1983) An outbreak of hepatoenteritis (the Palm Island mystery disease) possibly caused by algal intoxication. *Toxicon*, 3: supplement, 45-48.

21 Falconer I.R., Beresford A.M. and Runnegar M.T.C. (1983) Evidence of liver damage by toxin from a bloom of the blue-green alga, *Microcystis aeruginosa. Medical Journal of Australia*, 1: 511-514.

22 Tisdale E.S. (1931) Epidemic of intestinal disorders in Charleston, W. Va., occurring simultaneously with unprecedented water supply conditions. *American Journal of Public Health*, 21: 198-200.

23 Lippy E.C. and Erb J. (1976) Gastrointestinal illness at Sewickley, Pa. *Journal of the American Water Works Association*, 88: 606-610.

24 Billings W.H. (1981) Water-associated human illness in northeast Pennsylvania and its suspected association with blue-green algae blooms. In: Carmichael, W.W. (Ed.) The Water Environment: Algal Toxins and Health, pp. 243-255. New York: Plenum Press.

25 Turner P.C., Gammie A.J., Hollinrake K. and Codd G.A. (1990) Pneumonia associated with cyanobacteria. *British Medical Journal.* 300: 1440-1441.

26 Teixera M.G.L.C., Costa M.C.N., Carvelho V.L.P., Pereira M.S. and Hage E. (1993) *Bulletin of the Pan American Health Organization,* 27: 244-253.

27 Zilberg B. (1966) Gastroenteritis in Salisbury European children - a five-year study. *Central African Journal of Medicine*, 12: 164-168.

28 Jochimsen E.M., Carmichael W.W., An J.S., Cardo D.M., Cookson S.T., Holmes C.E.M., Antunes M.B.D., de Melo D.A., Lyra T.M., Barreto V.S.T., Azevedo S.M.F.O., and Jarvis W.R. (1998) Liver failure and death after exposure to microcystins at a hemodialysis center in Brazil. *New England Journal of Medicine,* 338: 873-878.

29 Yu S.-Z. (1994) Blue-green algae and liver cancer. In: Steffensen, D.A. and Nicholson, B.C. (Eds.) *Toxic Cyanobacteria: Current Status of Research and Management*, pp. 75-85. Adelaide: Australian Centre for Water Quality Research.

30 Ueno Y., Nagata S., Tsutsumi T., Hasegawa A., Watanabe M.F., Park H.-D., Chen G.-C., Chen G. and Yu S.-Z. (1996) Detection of microcystins, a blue-green algal hepatotoxin, in drinking water sampled in Haimen and Fusui, endemic areas of primary liver cancer in China, by highly sensitive immunoassay. *Carcinogenesis,* 17: 1317-1321.

31 Carmichael W.W. and Falconer I.R. (1993) Diseases related to freshwater blue-green algal toxins, and control measures. In: Falconer, I.R. (Ed.) Algal Toxins in Seafood and Drinking Water, pp. 187-209. London: Academic Press.

32 Hitzfeld B.C., Lampert C.S., Spaeth N., Mountfort D., Kaspar H. and Dietrich, D.R. (2000) Toxin production in cyanobacterial mats from ponds on the McMurdo Ice Shelf, Antarctica. *Toxicon*, 38: 1731-1748.

33 Codd G.A. (1995) Cyanobacterial toxins: Occurrence, properties and biological significance. *Water Science and Technology,* 32(4): 149-156.

34 Carmichael W.W. and Gorham P.R. (1981) The mosaic nature of toxic blooms of cyanobacteria. In: Carmichael, W.W. (Ed.) The Water Environment: Algal Toxins and Health, pp. 161-172. New York: Plenum Press.

35 Edwards C., Beattie K.A., Scrimgeour C.M. and Codd G.A. (1992) Identification of anatoxin-a in benthic cyanobacteria (blue-green algae) and in associated dog poisonings at Loch Insh, Scotland. *Toxicon*, 30: 1165-1175.

36 Carmichael W.W., Evans W.R., Yin Q.Q., Bell P. and Moczydlowski E. (1997) Evidence for paralytic shellfish poisons in the freshwater cyanobacterium *Lyngbya wollei* (Farlow ex Gomont) comb. nov. *Applied Environmental Microbiology,* 63: 3104-3110.

37 Chiswell R.K., Shaw G.R., Eaglesham G., Smith M.J., Norris R.L., Seawright A.A. and Moore M.R. (1999) Stability of cylindrospermopsin, the toxin produced from the cyanobacterium, *Cylindrospermopsis raciborskii*: Effect of pH, temperature, and sunlight on decomposition. *Environmental Toxicology,* 14: 155-161.

38 World Health Organization (WHO), (2004) Guidelines for Drinking-Water Quality, 3rd ed., Volume 1 Recommendations. World Health Organization, Geneva, 515 pp.

39 Nadebaum P., Chapman M., Morden R. and Rizak S. (2004) A Guide to Hazard Identification and Risk Assessment for Drinking Water Supplies. CRC for Water Quality and Treatment, Research Report 11.

http://www.waterquality.crc.org.au/publications/report11_drinking_supplies.pdf.

40 Vollenweider R.A. (1968) Scientific fundamentals of the eutrophication of lakes and flowing waters, with particular reference to nitrogen and phosphorus as factors in eutrophication. OECD Tech. Rep. DAS/CSI/68.27, Paris.

Vollenweider R.A. (1975) Input-output models with special reference to the phosphorus loading concept in limnology. *Schweizerische Zeitung für Hydrologie*, 37: 53-84.

Vollenweider R.A. (1976) Advances in defining critical loading concepts for phosphorus in lake eutrophication. *Memorie dell'Istituto Italiano di Idrobiologia*, 33: 53-83.

41 Vollenweider R. and Kerekes J. (1982) Eutrophication of Waters, Monitoring, Assessment, Control. Organisation for Economic Co-operation and Development, Paris.

42 Harris G.P. (1986) Phytoplankton Ecology. Structure, Function and Fluctuation. Chapman and Hall, London.

43 Ryding S.-O. and Rast W. (1989) The control of eutrophication of lakes and reservoirs. Man and the biosphere series, Volume 1 pp 265. UNESCO and the Parthenon Publishing Group, Paris.

44 Taylor W.D., Losee R.F., Torobin M., Izaguirre G., Sass D., Khiari D. and Atasi K. (2006) Early Warning and Management of Surface water Taste-and-Odor Events, AwwaRF Report 91102, American Water Works Association Research Foundation, Denver.

45 NHMRC (2008) Guidelines for Managing Risks in Recreational Water. National Health and Medical Research Council, Canberra.
http://www.nhmrc.gov.au/publications/synopses/eh38.htm.

46 Reynolds C.S. (1984) The ecology of freshwater phytoplankton. Cambridge University Press, Cambridge.

47 Bowmer K.H., Padovan A., Oliver R.L., Korth W. and Ganf G.G. (1992) Physiology of geosmin production by Anabaena circinalis isolated from the Murrumbidgee River, Australia. *Water Science and Technology*, 25(2): 259-267.

48 Chorus I. and Bartram J. (1999). Toxic Cyanobacteria in Water. World Health Organisation. E&FN Spon: London.

49 WHO - Water Safety Plans, A Davison, G Howard, M Stevens, P Callan, L Fewtrell, D Deere, J Bartram, World Health Organization, Geneva, 2005.

50 Carleton J.N., Park R.A. and Clough J.S. (2009) Ecosystem modelling applied to nutrient criteria development in rivers. *Environmental,* 44(3): 485-492.

51 Lewis D.M., Brookes J.D., Lambert M.F. (2004) Numerical models for management of *Anabaena circinalis. Journal of Applied Phycology*, 16(6): 457-468.

52 Lawton L., Marsalek B., Padisak J. and Chorus I. (1999) Determination of cyanobacteria in the laboratory. In: Chorus I., Bartram J., Ed. Toxic cyanobacteria in water. A guide to their public health consequences, monitoring and management. Published by E & FN Spon on behalf of the World Health Organization. pp347-367.

53 Hötzel G. and Croome R. (1999) A Phytoplankton Methods Manual for Australian Freshwaters, LWRRDC Occasional Paper 22/99. Land & Water Resources Research & Development Corporation, Canberra.

54 Nicholson B. and Burch M. (2001) Evaluation of Analytical Methods for the Detection and Quantification of Cyanotoxins in Relation to Australian Drinking Water Guidelines. NHMRC, National Health and Medical Research Council of Australia, Canberra.

55 Rudi K., Skulberg O.M., Skulberg R. and Jakobsen K.S. (2000) Application of sequence-specific labeled 16S rRNA gene oligonucleotide probes for genetic profiling of cyanobacterial abundance and diversity by array hybridization. *Applied Environmental Microbiology*, 66: 4004-4011.

56 Castiglioni B., Rizzi E., Frosini A., Sivonen K., Rajaniemi P., Rantala A., Mugnai M.A., Ventura S., Wilmotte A., Boutte C. *et al.* (2004) Development of a universal microarray based on the ligation detection reaction and 16S rRNA gene polymorphism to target diversity of cyanobacteria. *Applied Environmental Microbiology*, 70: 7161-7172.

57 Fergusson K. and Saint C.P. (2000) Molecular phylogeny of Anabaena circinalis and its identification in environmental samples by PCR. *Applied Environmental Microbiology*, 66: 4245-4148.

58 Fergusson K.M., Saint C.P. (2003) Multiplex PCR assay for Cylindrospermopsis raciborskii and cylindrospermopsin producing cyanobacteria. *Environmental Toxicology*, 18: 120-125.

59 Foulds I.V., Granacki A., Xiao C., Krull U.J., Castle A. and Horgen P.A. (2002) Quantification of microcystin-producing cyanobacteria and E. coli in water by 50-nuclease PCR. *Journal of Applied Microbiology*, 93: 825-834.

60 Kellmann R. and Neilan B. (2007) Biochemical characterization of paralytic shellfish toxin biosynthesis in vitro. *Journal of Phycology*, 43:497-508.

61 Al Tebrineh J. and Neilan B.A. (2009) Multiplex quantitative-PCR determination of toxic cyanobacteria in environmental samples. Cyanobacterial Bloom Management - Current and Future Options. Extended abstract, 12 & 13 August, Parramatta, NSW.
http://www.wqra.com.au/temp/Cyano/National_Cyanobacteria_Workbook_web.pdf.

62 Pearson L.A. and Neilan B.A. (2008) The molecular genetics of cyanobacterial toxicity as a basis for monitoring water quality and public health risk. *Current Opinion in Biotechnology*, 19: 281–288.

63 Komarek J. and Anagnostidis K. (1986) Modern approaches to the classification system of cyanophytes. *Archiv für Hydrobiologie., Supplement,* 73, Algological Studies, 43: 157-164.

64 Laslett G., Clark R. and Jones G. (1998) Estimating the precision of filamentous blue-green algae cell concentration from a single sample. *Environmetrics,* 8: 313-340.

65 Izydorczyk K., Carpentier C., Mrowczynski J., Wagenvoort A., Jurczak T. and Tarczynska M. (2009) Establishment of an Alert Level Framework for cyanobacteria in drinking water resources by using the Algae Online Analyser for monitoring cyanobacterial chlorophyll a. *Water Research*, 43(4): 989-996.

66 Harada K-I., Kondo F., Lawton L., 1999. Laboratory analysis of cyanotoxins. In: Chorus I, Bartram J, Ed. Toxic cyanobacteria in water. A guide to their public health consequences, monitoring and management. Published by E & FN Spon on behalf of the World Health Organization. pp369-405.

67 Nicholson B. and Burch M. (2001) Evaluation of Analytical Methods for the Detection and Quantification of Cyanotoxins in Relation to Australian Drinking Water Guidelines. NHMRC, Canberra.
http://www.nhmrc.gov.au/publications/synopses/ files/eh22.pdf.

68 Meriluoto J. and Codd G. A., Eds. (2005) TOXIC: Cyanobacterial Monitoring and Cyanotoxin Analysis, Turku: Åbo Akademi University Press, 149 pp., ISBN 951-765-259-3.

69 Froscio S., Fanok, S., King, B. and Humpage, A.R. (2008) Screening assays for water-borne toxicants. CRC for Water Quality and Treatment, Research Report 60.
http://www.waterquality.crc.org.au/publications/report61 cylindrospermopsin toxicity.pdf.

70 Lawrence J.F., Niedzwiadek B. and Menard C.(2005) Quantitative determination of paralytic shellfish poisoning toxins in shellfish using prechromatographic oxidation and liquid chromatography with fluorescence detection: collaborative study. *Journal of the American Organization of Analytical Chemists International,* 88(6): 1714-1719.

71 Robards R.D. and Zohary T. (1987) temperature effects on photosynthetic capacity, respiration, and growth rates of bloom-forming cyanobacteria. *NZ Journal of Marine and Freshwater Research*, 21: 391-399.

72 Oliver R. and Ganf G. (2000) Freshwater blooms. in: Whitton, B., and Potts, M. (eds), The ecology of cyanobacteria: their diversity in time and space, The Netherlands :Kluwer Academic Publishers: 149-194.

73 Cooke G.D., Welch E.B. and Peterson S. (2005) Restoration and management of lakes and reservoirs. 3rd Edition. Pp 591. CRC Press, ISBN 1566706254.

74 Reynolds C.S., Wiseman S.W., Godfrey B.M. and Butterwick C. (1983) Some effects of artificial mixing on the dynamics of phytoplankton populations in large limnetic enclosures. *Journal of Plankton Research,* 5: 203-234.

75 Heo W.M. and Kim B. (2004) The effect of artificial destratification on phytoplankton in a reservoir. *Hydrobiologia*, 524: 229-239.

76 Becker A., Herschel A. and Wlhelm C. (2006) Biological effects of incomplete destratification of hypertrophic freshwater reservoir. *Hydrobiologia,* 559: 85-100.

77 Chorus I. and Mur L. (1999) Preventative measures. In, Toxic Cyanobacteria in Water, Chorus, I. & Bartram, J. (eds), E & FN Spon, London.

78 Schladow S.G. (1993) Lake destratification by bubble-plume systems: design methodology. *Journal of Hydraulic Engineering*, 119: 350-368.

79 Bormans M. and Webster I.T. (1997) A mixing criterion for turbid rivers. *Environmental Modelling and Software,* 12: 329-333.

80 Atkins R., Rose T., Brown R.S. and Robb M. (2001) The *Microcystis* cyanobacteria bloom in the Swan River - February 2000. *Water Science and Technology*, 43(9): 107-114.

81 Hobson P., Fazekas C., House J., Daly R., Kildea T, Giglio S, Burch M, Lin T.-F. and Chen Y.-M. (2009) Taste and Odours in Reservoirs, CRC for Water Quality and Treatment Reseach Report 73. http://www.waterquality.crc.org.au/Publication OccPpr ResRpts.htm

82 Beutel M.W. and Horne A.J. (1999) A review of the effects of hypolimnetic oxygenation on lake and reservoir water quality. *Lake and Reservoir Management,* 15(4): 285-297.

83 Robb M., Greenop B., Goss Z., Douglas G. and Adeney J. (2003) Application of Phoslock™ an innovative phosphorus binding clay, to two Western Australian waterways: Preliminary findings. *Hydrobiologia*, 494: 237-243.

84 Chow C.W.K., Drikas M., House J., Burch M.D. and Velzeboer R.M.A. (1999) The impact of conventional water treatment processes on cells of the cyanobacterium *Microcystis aeruginosa. Water Research* 33(15): 3253-3262.

85 Burch M., Chow C. W. K. and Hobson P. (2001) Algicides for control of toxic cyanobacteria. In: *Proceedings of the American Water Works Association Water Quality Technology Conference*, November 12-14, 2001, Nashville, Tennessee. CD-ROM.

86 McKnight D.M., Chisholm S.W. and Harleman D.R.F. (1983) $CuSO_4$ treatment of nuisance algal blooms in drinking water reservoirs. *Environmental Management*, 7: 311-320.

87 Holden W.S. (1970) The control of organisms associated with water supplies. In: Water Treatment and Examination. Pp 453-460. J.&A. Churchill, London.

88 Palmer C.M., (1962) Control of algae. In: Algae in Water Supplies. An illustrated manual on the identification, significance and control of algae in water supplies. Pp 63-66. U.S. Department of Health, Education and Welfare Public Health Service, Washington DC.

89 Casitas Municipal Water District (1987) Current methodology for the control of algae in surface reservoirs. American Water Works Association, Denver, CO.

90 Humberg N.E., Colby S.R., Hill E.R., Kitchen L.M., Lym R.G., McAvoy W.J. and Prasad R. (1989) Herbicide handbook of the weed science society of America. 6th ed Weed Science Society of America, Illinois.

91 Raman R.K. (1988) Integration of laboratory and filed monitoring of copper sulphate applications to water supply impoundments. In *AWWA Technology Conference Proceedings*. Advances in Water Analysis and Treatment. Pp 203-224. St. Louis, Missouri.

92 Fitzgerald G.P. and Faust S.L. (1963) Factors affecting the algicidal and algistatic properties of copper. *Applied Microbiology,* 11: 345-351.

93 Holden W.S. (1970) The control of organisms associated with water supplies. In Water treatment and examination. pp. 453-460. J.&A. Churchill, London.

94 Fitzgerald G.P. (1966) Use of potassium permanganate for control of problem algae. *Journal of the American Water Works Association,* 58: 609-614.

95 Murphy T.P., Prepas E.E., Lim J.T., Crosby J.M. and Walty D.T. (1990) Evaluation of calcium carbonate and calcium hydroxide treatments of prairie drinking water dugouts. *Lake and Reservoir Management,* 6: 101-108.

96 Welch I.M., Barrett P.R.F., Gibson M.T. and Ridge I. (1990) Barley straw as an inhibitor of algal growth 1: Studies in the Chesterfield Canal. *Journal of Applied Phycology,* 2: 231-239.

97 Newman J.R. and Barrett P.R.F. (1993) Control of Microcystis aeruginosa by decomposing barley straw. *Journal of Aquatic Plant Management,* 31: 203-206.

98 Hrudey S., Burch M., Drikas M. and Gregory R. (1999) Remedial measures. In Toxic Cyanobacteria in Water, Chorus, I. & Bartram, J. (eds), E & FN Spon, London.

99 Sanchez I. and Lee G. F. (1978) Environmental chemistry of copper in Lake Monona, Wisconsin. *Water Research,* 12: 899-903.

100 Hanson M. J. and Stefan H. G. (1984) Side effects of 58 years of copper sulphate treatment of the Fairmount Lakes, Minnesota. *Water Resources Bulletin,* 20: 889-900.

101 Hoffman R.W., Bills G., and Rae J. (1982) An *in situ* comparison of the effectiveness of four algicides. *Water Resources Bulletin,* 18: 921-927.

102 Raman R.K. (1985) Controlling algae in water supply impoundments. *Journal of the American Water Works Association,* 77: 41-43.

103 Drabkova M., Admiraal W. and Marsalek B (2007) Combined exposure to hydrogen peroxide and light - Selective effects on cyanobacteria, green algae, and diatoms. *Environmental Science & Technology,* 41: 309-314.

104 Jones G.J. and Orr P.T. (1994) Release and degradation of microcystin following algicide treatment of a *Microcystis aeruginosa* bloom in a recreational lake, as determined by HPLC and protein phosphatase inhibition assay. *Water Research,* 28(4): 871-876.

105 Cousins I.T., Bealing D.J., James H.A. and Sutton A. (1996) Biodegradation of microcystin-LR by indigenous mixed bacterial populations. *Water Research,* 30(2): 481-485.

106 Smith M.J., Shaw G.R., Eaglesham G.K., Ho L. and Brookes J.D. (2008) Elucidating the factors influencing the biodegradation of cylindrospermopsin in drinking water sources. *Environmental Toxicology,* 23(3): 413-421.

107 Brookes J.D., Daly R., Regel R., Burch M., Ho L., Newcombe G., Hoefel D., Saint C., Meyne T., Burford M., Smith M., Shaw G., Guo P.P., Lewis D., and Hipsey M. (2008) Reservoir Management Strategies for Control and Management of Algal Toxins. Awwa Research Foundation, Denver, USA.

108 Ho L., Meyn T., Keegan A., Hoefel D., Brookes J., Saint C.P. and Newcombe G. (2006) Bacterial degradation of microcystin toxins within a biologically active sand filter. *Water Research,* 40(4): 768-774.

109 Chiswell R.K., Shaw G.R., Eaglesham G., Smith M., Norris R.L., Seawright A.A. and Moore M.M. (1999) Stability of cylindrospermopsin, the toxin produced from the cyanobacterium, *Cylindrospermopsis raciborskii*: effect of pH, temperature and sunlight on decomposition. *Environmental Toxicology,* 14: 155-161.

110 Jones G.J. and Negri A.P. (1997) Persistence and degradation of cyanobacterial paralytic shellfish poisons (PSPs) in freshwaters. *Water Research,* 31: 525-533.

111 Kayal N., Newcombe G. and Ho L. (2008) Investigating the fate of saxitoxins in biologically active water treatment plant filters. *Environmental Toxicology,* 23(6): 751-755.

112 Jelbart J. (1993) Effect of rotting barley straw on cyanobacteria: a laboratory investigation. *Water,* 20(5): 31-32.

113 Barrett P.R.F., Curnow J.C., and Littlejohn J.W. (1996) The control of diatom and cyanobacterial blooms in reservoirs using barley straw. *Hydrobiologia,* 340, 307-311.

114 Everall N.C. and Lees D.R. (1996) The use of barley-straw to control general and blue-green algal growth in a Derbyshire reservoir. *Water Research,* 30: 269-276.

115 Jelbart J. (1993) Effect of rotting barley straw on cyanobacteria: a laboratory investigation. *Water,* 20(5): 31-32.

116 Cheng, D., Jose S. and Mitrovic S. (1995) Assessment of the possible algicidal and algistatic properties of barely straw in experimental ponds. State Algal Coordinating Committe Report. NSW Department of Land and Water Conservation, Parramatta.NSW.

117 Information sheet 1: Control of algae with barley straw. Centre for Hydrology and Ecology, Natural Environment Research Council and the Centre for Aquatic Plant Management. http://www.nerc-wallingford.ac.uk/research/capm/pdf%20files/1%20Barley%20Straw.pdf

118 Ahn C.Y., Park M.H., Joung S.H., Kim H.S., Jang K.Y. and Oh H.M. (2003) Growth inhibition of cyanobacteria by ultrasonic radiation: laboratory and enclosure studies. *Environmental Science and Technology,* 37(13): 3031–3037.

119 Zhang G.M., Zhang P.Y., Wang B. and Liu H. (2006) Ultrasonic frequency effects on the removal of *Microcystis aeruginosa. Ultrasonics Sonochemistry*, 13(5): 446-450.

120 Tang J.W., Wen J., Yu W.Q, Hao H.W., Chen Y. and Wu M (2004) Effect of 1.7 MHz ultrasound on a gas-vacuolate cyanobacterium and a gas-vacuole negative cyanobacterium. *Colloids and surfaces. B, Biointerfaces*, 36(2): 115-21.

121 Ahn C.Y., Joung S.H., Choi A., Kim H.S., Jang K.Y. and Oh H.M. (2007) Selective control of cyanobacteria in eutrophic pond by a combined device of ultrasonication and water pumps. *Environmental Technology*, 28(4): 371-379.

122 Pietsch J., Bornmann K. and Schmidt W. (2002) Relevance of intra- and extracellular cyanotoxins for drinking water treatment. *Acta hydrochimica et hydrobiologica,* 30(1): 7-15.

123 Petruševski B., van Breemen A.N. and Alaerts G. (1996) Effect of permanganate pre-treatment and coagulation with dual coagulants on algae removal in direct filtration. *Journal of Water Supply: Research and Technology – Aqua,* 45(5): 316-326. Also

Steynberg M.C., Pieterse A.J.H. and Geldenhuys J.C. (1996) Improved coagulation and filtration of algae as a result of morphological and behavioural changes due to pre-oxidation. *Journal of Water Supply: Research and Technology – Aqua,* 45(6): 292-298.

124 Ho L., Tanis-Plant P., Kayal N., Slyman N. and Newcombe G. (2008) Optimising water treatment practices for the removal of *Anabaena circinalis* and its associated metabolites, geosmin and saxitoxins. *Journal of Water and Health*, 7(4): 544-556.

125 Grutzmacher G., Bottcher G., Chorus I., et al (2002) Removal of microcystins by slow sand filtration. *Environmental Toxicology*, 17(4): 386-394.

126 Chow C.W.K., House J., Velzeboer R.M.A., Drikas M., Burch M.D. and Steffensen D.A. (1998) The effect of ferric chloride flocculation on cyanobacterial cells. *Water Research,* 32(3): 808-814. also reference [1]

127 Drikas M., Chow C.W.K., House J. and Burch M.D. (2001) Using coagulation, flocculation and settling to remove toxic cyanobacteria. *Journal of the American Water Works Association,* 93(2): 100-111.

128 Bourne D.G., Jones G.J., Blakeley R.L., Jones A., Negri A.P. and Riddles P. (1996) Enzymatic pathway for the bacterial degradation of the cyanobacterial cyclic peptide toxin microcystin LR. *Applied and Environmental Microbiology*, 62(11): 4086-4094.

129 Senogles P., Smith M. and Shaw G. (2002) Physical, chemical and biological methods for the degradation of the cyanobacterial toxin, cylindrospermopsin. In *Proceedings of the Water Quality Technology Conference,* November 10-14, 2002, Seattle, Washington, USA.

130 Chow C.W.K., Panglisch S., House J., Drikas M., Burch M.D. and Gimbel R. (1997) A study of membrane filtration for the removal of cyanobacterial cells. *Journal of Water Supply: Research and Technology – Aqua,* 46(6): 324-334.

131 Aitken G., McKnight D., Wershaw R., MacCarthy P. Humic Substances in Soil, Sediment and Water: Geochemistry, Isolation and Characterisation; Eds.; John Wiley and Sons: New York, 1985; 53-85.

132 Ho L., Slyman N., Kaeding U. and Newcombe G. (2008) Optimizing powdered activated carbon and chlorination practices for cylindrospermopsin removal. *Journal of the American Water Works Association*, 100(11): 88-96.

133 Carlile P.R. (1994) Further studies to investigate microcystin-LR and anatoxin-a removal from water. Foundation for Water Research Report, FR 0458, Swindon, UK.

134 G. Newcombe (2002) Removal of Algal Toxins using Ozone and GAC. AwwaRF report number 90904.

135 Kayal N., Ho L. and Newcombe G. (2009) Assessment of plant treatment options for the removal of saxitoxins. *Proceedings of the AWA South Australian Regional Conference*, August 15, Adelaide, Australia. CD ROM

136 Newcombe G. and Nicholson B.C. (2002) Treatment options for the saxitoxin class of cyanotoxins. *Water Science & Technology: Water Supply* 2: 271-275.

137 NHMRC Australian Drinking Water Guidelines (2004). Information sheet 1. Disinfection http://www.nhmrc.gov.au/ files nhmrc/file/publications/synopses/adwg 11 06 info sheets.pdf

138 Ho L., Onstad G., von Gunten U., Rinck-Pfeiffer S., Craig K. and Newcombe G. (2006) Chlorination of four microcystin analogues. *Water Research,* 40(6): 1200-1209.

139 Senogles P., Shaw G., Smith M., Norris R., Chiswell R., Mueller J., Sadler R. and Eaglesham G. (2000) Degradation of the cyanobacterial toxin cylindrospermopsin, from *Cylindrospermopsis raciborskii*, by chlorination. *Toxicon,* 38: 1203-1213.

140 Kull T.P.J., Backlund P.H., Karlsson K.M. (2004) Oxidation of the cyanobacterial hepatotoxin microcystin-LR by chlorine dioxide: Reaction kinetics, characterization, and toxicity of reaction products. *Environmental Science & Technology*, 38(22): 6025-6031.

141 Nicholson B.C., Rositano J. and Burch M.D. (1994) Destruction of cyanobacterial peptide hepatotoxins by chlorine and chloramine. *Water Research,* 28(6): 1297-1303.

142 Ho L., Newcombe G., Croue J.P. (2002) Influence of the character of NOM on the ozonation of MIB and geosmin. *Water Research*, 36(3): 511-518.

143 Rositano J., Newcombe G., Nicholson B. and Sztajnbok P. (2001) Ozonation of NOM and algal toxins in four treated waters. *Water Research,* 35(1): 23-32.

144 Newcombe G. and Nicholson B. (2004) Water treatment options for dissolved cyanotoxins. *Journal of Water Supply Research and Technology-Aqua*, 53(4) 227-239.

145 Rositano J., Newcombe G., Nicholson B. and Sztajnbok P. (2001) Ozonation of NOM and algal toxins in four treated waters. *Water Research,* 35: 23-32.

146 Fawell J.K., Hart J., James H.A. and Parr W. (1993) Blue-green algae and their toxins – Analysis, toxicity, treatment and environmental control. *Water Supply,* 11(3/4): 109-121. also

Carlile P.R. (1994) Further studies to investigate microcystin-LR and anatoxin-a removal from water. Foundation for Water Research Report, FR 0458, Swindon, UK.

147 Rodriguez E., Onstad G.D., Kull T.P.J. (2007) Oxidative elimination of cyanotoxins: Comparison of ozone, chlorine, chlorine dioxide and permanganate. *Water Research*, 41(15): 3381-3393.

148 Senogles P.-J., Scott J.A., Shaw G. and Stratton H. (2001) Photocatalytic degradation of the cyanotoxin cylindrospermopsin, using titanium dioxide and UV irradiation. *Water Research,* 35: 1245-1255.

149 Tsuji K., Naito S., Kondo F., Ishikawa N., Watanabe M.F., Suzuki M. and Harada K.-I. (1994) Stability of microcystins from cyanobacteria: Effect of light on decomposition and isomerization. *Environmental Science & Technology,* 28: 173-177.

150 Ho L., Gaudieux A.-L., Fanok S., Newcombe G. and Humpage A.R. (2007) Bacterial degradation of microcystin toxins in drinking water eliminates their toxicity. *Toxicon,* 50(3): 438-441.

151 Newcombe G., House J., Ho L., Baker P. and Burch M. (2009) Management Strategies for Cyanobacteria (Blue-Green Algae) and their Toxins: A Guide for Water Utilities. CRC for Water Quality and Treatment/WQRA Research Report 74. http://www.wqra.com.au/WQRA_publications.htm

152 Du Preez H.H., and Van Baalen L. (2006) Generic Management Framework for toxic blue-green algal blooms, for application by potable water suppliers. WRC Report No: TT 263/06, Water Research Commission, Pretoria, South Africa.

153 WHO (2006) Chapter 4, Water Safety Plans, Guidelines for Drinking Water Quality 3rd Edition. World Health Organization.

154 Guidelines for Safe Recreational Water Environments, Vol.1 Coastal and freshwaters; Chapter 8 Algae and cyanobacteria in freshwater. World Health Organization ISBN 92 4 154580 1.

Blue-Green Algae (Cyanobacteria) in Inland Waters: Assessment and Control of Risks to Public Health. Scottish Executive Health Department Blue-Green Algae Working Group 2002.

Chorus I and Bartrum J, Eds (1999) Toxic Cyanobacteria in Water: A Guide to their Public Health Consequences, Monitoring and Management. London: E & FN Spon (published on behalf of the World Health Organization).

NHMRC, (2008) Guidelines for Managing Risks in Recreational Water. National Health and Medical Research Council, Canberra.
http://www.nhmrc.gov.au/publications/synopses/ files/eh38.pdf

Metcalf J. S., Codd G.A. Cyanobacterial Toxins in the Water Environment. Foundation for Freshwater Research 2004.

Queensland Health (2001) Cyanobacteria in Recreational and Drinking Waters. Environmental Health Assessment Guidelines. Prepared by: Environmental Health Unit, Queensland Health, August 2001.

Stewart I. *et al.* Epidemiology of recreational exposure to freshwater cyanobacteria – an international prospective cohort study. BioMed Central Ltd. BMC Public Health 2006.

Stewart I. *et al.* Recreational and occupational field exposure to freshwater cyanobacteria – a review of anecdotal and case reports, epidemiological studies and the challenges for epidemiological assessment. BioMed Central Ltd. Environmental Health – A Global Access Science Source 2006.

Stone D., Bress W., Addressing Public Health Risks for Cyanobacteria in Recreational Waters: The Oregon and Vermont Framework. Integrated Environmental Assessment and Management Vol. 3, No.1, pp 137-143. 2006.